学ぶ人は、
変えて
ゆく人だ。

目の前にある問題はもちろん、

人生の問いや、

社会の課題を自ら見つけ、

挑み続けるために、人は学ぶ。

「学び」で、

少しずつ世界は変えてゆける。

いつでも、どこでも、誰でも、

学ぶことができる世の中へ。

旺文社

受験生の
50%以下しか解けない

差がつく
入試問題 理科

三訂版

旺文社

CONTENTS

スタッフ
編集協力／下村良枝
校正／田中麻衣子　出口明憲　平松元子
本文・カバーデザイン／伊藤幸恵
巻頭イラスト／栗生ゑゐこ

本書の効果的な使い方

本書は，各都道府県の教育委員会が発表している公立高校入試の設問別正答率データ（一部得点率）をもとに，受験生の 50%以下が正解した問題を集めた画期的な一冊。解けると差がつく問題ばかりだからしっかりとマスターしておこう。

STEP 1 出題傾向を知る

まずは，最近の入試出題傾向を分析した記事を読んで「正答率 50%以下の差がつく問題」とはどんな問題か，またその対策をチェックしよう。

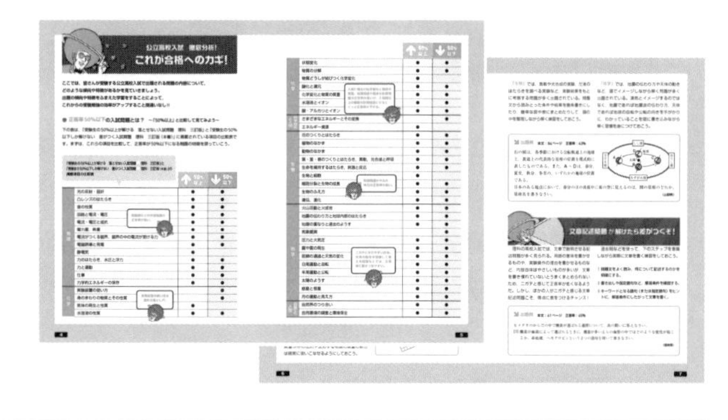

STEP 2 例題で要点を確認する

出題傾向をもとに，例題や入試に必要な重要事項，答えを導くための実践的なアドバイスを掲載。得点につながるポイントをおさえよう。

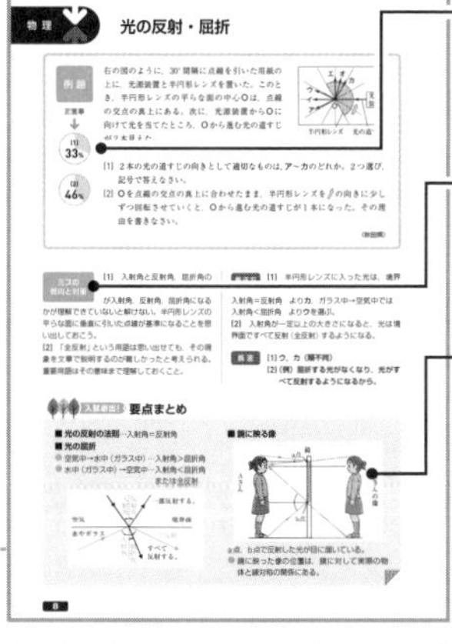

すべての問題に正答率が表示されています（都道府県によっては抽出データを含みます）。

多くの受験生が解けなかった原因を分析し，その対策をのせています。

入試によく出る項目の要点を解説しています。

STEP 3 問題を解いて鍛える

「実力チェック問題」には入試によく出る，正答率が50%以下の問題を厳選。不安なところがあれば，別冊の解説や要点まとめを見直して，しっかりマスターしよう。

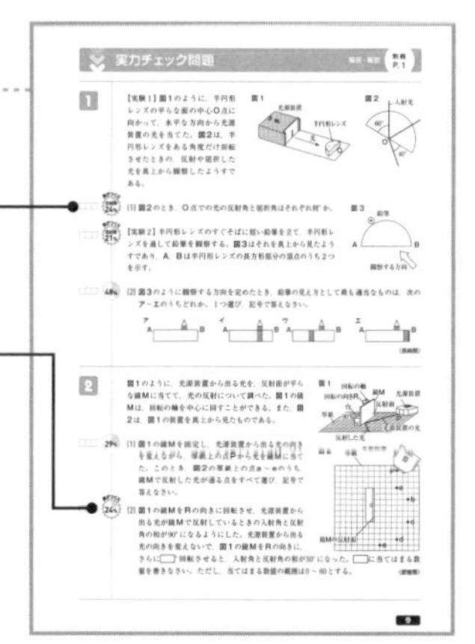

設問ごとにチェックボックスがついています。

差がつく!! 8%

多くの受験生が解けなかった，正答率 25%以下の問題には，「差がつく !!」のマークがついています。

本書がマスターできたら… 正答率50%以上の問題でさらに得点アップをねらおう！

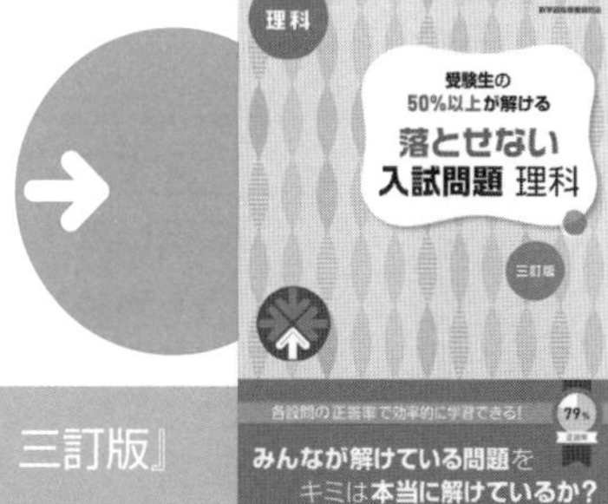

『受験生の 50%以上が解ける 落とせない入試問題 ● 理科 三訂版』

本冊 96 頁・別冊 16 頁 定価 990 円（本体 900 円+税 10 %）

ここでは，皆さんが受験する公立高校入試で出題される問題の内容について，
どのような傾向や特徴があるかを見ていきましょう。
出題の傾向や特徴をふまえた学習をすることによって，
これからの受験勉強の効率がアップすること間違いなし!!

● 正答率50%以下の入試問題とは？　～「50%以上」と比較して見てみよう～

下の表は，「受験生の50%以上が解ける　落とせない入試問題　理科　三訂版」と「受験生の50%以下しか解けない　差がつく入試問題　理科　三訂版（本書）」に掲載されている項目の比較表です。まずは，これらの項目を比較して，正答率が50%以下になる問題の特徴を探っていこう。

「受験生の50%以上が解ける　落とせない入試問題　理科　三訂版」と
「受験生の50%以下しか解けない　差がつく入試問題　理科　三訂版（本書）」の
掲載項目の比較表

	項目	50% 以上	50% 以下
物理	光の反射・屈折	●	●
	凸レンズのはたらき	●	●
	音の性質	●	●
	回路と電流・電圧	●	●
	電流・電圧と抵抗	●	●
	電力量，熱量	●	●
	電流がつくる磁界，磁界の中の電流が受ける力	●	●
	電磁誘導と発電	●	●
	静電気	●	
	力のはたらき，水圧と浮力	●	●
	力と運動	●	●
	仕事	●	●
	力学的エネルギーの保存	●	●
化学	実験装置の使い方		●
	身のまわりの物質とその性質		●
	気体の発生と性質	●	
	水溶液の性質	●	●

回路図などの作図問題の正答率が低い。

実験装置の使い方は意外な落とし穴。

分野	単元	50%以上	50%以下
化学	状態変化	●	●
	物質の分解	●	●
	物質どうしが結びつく化学変化	●	
	酸化と還元	●	●
	化学変化と物質の質量	●	●
	水溶液とイオン	●	●
	酸・アルカリとイオン	●	●
科学技術と人間	さまざまなエネルギーとその変換		●
	エネルギー資源	●	
生物	花のつくりとはたらき	●	●
	植物のなかま	●	●
	動物のなかま	●	●
	葉・茎・根のつくりとはたらき，蒸散，光合成と呼吸	●	●
	生命を維持するはたらき，刺激と反応	●	●
	生物と細胞	●	
	細胞分裂と生物の成長	●	●
	生物のふえ方	●	●
	遺伝，進化	●	●
地学	火山活動と火成岩	●	●
	地震の伝わり方と地球内部のはたらき	●	●
	地層の重なりと過去のようす	●	●
	気象観測		●
	圧力と大気圧	●	●
	霧や雲の発生	●	●
	前線の通過と天気の変化	●	●
	日周運動と自転	●	●
	年周運動と公転	●	●
	太陽のようす	●	●
	惑星と恒星	●	●
	月の運動と見え方	●	●
自然と人間	自然界のつり合い	●	●
	自然環境の調査と環境保全	●	●

入試に頻出の化学変化と物質の質量。知識問題や簡単な計算問題は正答率が高いが，2段階以上の複雑な計算問題になるとぐっと正答率が下がる。

知識問題が中心の単元は正答率が高い。

ニガテになりやすい天体。天体の動きを想像して考える問題などでは，正答率に差がつきやすい。

各分野からまんべんなく出題されるぞ！ニガテな分野はつくらないようにしよう！

右の出題分野の割合を見るとわかるように，理科の高校入試では，「物理」，「化学」，「生物」，「地学」の４分野からほぼ均等に出題されている。各分野ごとに出題傾向を見てみても，出題単元に偏りはない。そのため，どの分野もまんべんなく対策をし，ニガテな単元をつくらないようにする必要がある。また，出題数は少ないが「科学技術と人間・自然と人間」の内容も，小問集合や融合問題などとして出題されているので，必ず対策しておくこと。

※データは，2022年に実施された全国の公立入試問題について，旺文社が独自に調べたものです。

〈分野別　出題数の割合〉

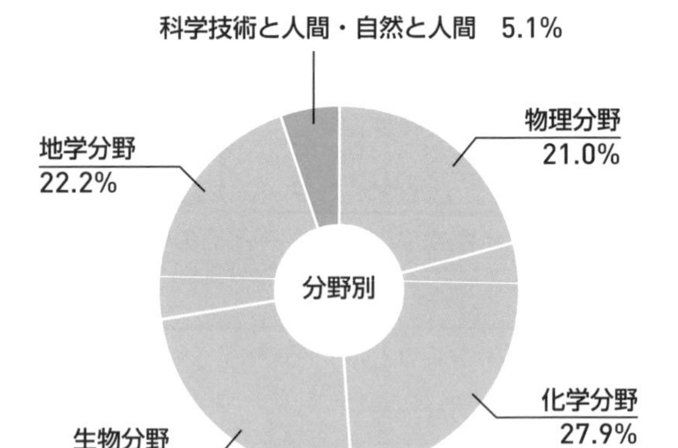

各分野でどのような問題が出るかしっかりおさえることが大切だ！

「物理」では，オームの法則を使って計算する問題や，光の道すじや力の矢印などを作図する問題が多く出題されている。オームの法則を使って計算するには，回路のきまりについて理解できていることが必須となる。まずは基礎知識を固め，できるだけたくさんの問題を解いておこう。また，入試によく出る作図のパターンは限られているので，ポイントをおさえて作図する練習をしておこう。

「化学」では，実験操作の理由を問う問題や，化学変化のきまりを使って計算する問題が多く出題されている。教科書に出ている実験については，目的や操作の意味まで理解しておこう。また，すべての化学変化の基礎である，質量保存の法則や反応する物質の質量の割合は確実に使いこなせるようにしておこう。

出題例　本文：27ページ　正答率：37%

下の図は，斜面上に静止している力学台車にはたらく重力を矢印で表したものである。ばねばかりにつなげた糸が力学台車を引く力を，点Pから始まる矢印で下の図に表しなさい。なお，糸の質量やのび縮み，まさつや空気の抵抗は考えないものとする。

〈鳥取県〉

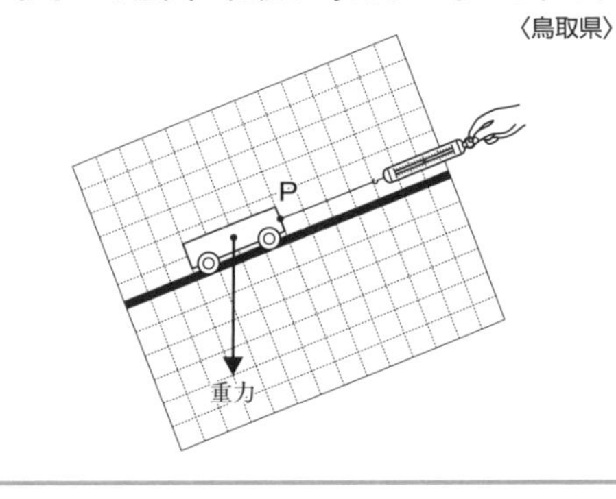

「生物」では，蒸散や光合成の実験，だ液のはたらきを調べる実験など，実験結果をもとに考察する問題が多く出題されている。問題文から読みとった条件や結果を箇条書きにしたり，簡単な図や表にまとめたりして，頭の中を整理しながら解く練習をしておこう。

「地学」では，地震の伝わり方や天体の動きなど，頭でイメージしながら解く問題が多く出題されている。漠然とイメージするのではなく，地震であれば地震波の伝わり方，天体であれば地球の自転や公転の向きを手がかりに，わかっていることを図に書き込みながら解く習慣を身につけておこう。

出題例　本文：84ページ　正答率：43%

右の図は，各季節における公転軌道上の地球と，黄道上の代表的な星座の位置を模式的に表したものである。また，A～Dは，春分，夏至，秋分，冬至の，いずれかの地球の位置である。

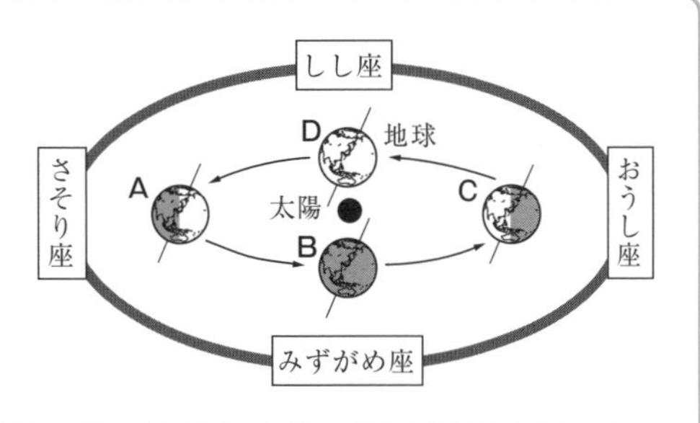

日本のある地点において，春分の日の真夜中に東の空に見えるのは，図の星座のどれか。星座名を書きなさい。

〈山梨県〉

文章記述問題が解けたら差がつくぞ！

理科の高校入試では，文章で説明させる記述問題が多く見られる。用語の意味を書かせるものや，実験操作の理由を書かせるものなど，内容自体はやさしいものが多いが，文章を書き慣れていないとうまくまとめられないため，ニガテと感じて正答率が低くなるようだ。しかし，ほかの人がニガテと感じる文章記述問題こそ，得点に差をつけるチャンス！

過去問などを使って，下のステップを意識しながら実際に文章を書く練習をしておこう。

①問題文をよく読み，何について記述するのかを明確にする。

②書き出しや指定語句など，解答条件を確認する。

③キーワードとなる語句（または指定語句）をヒントに，解答条件にしたがって文章を書く。

出題例　本文：61ページ　正答率：45%

ヒメダカのからだの中で酸素が運ばれる過程について，次の問いに答えなさい。

(1) 酸素が血液によって運ばれるときに，酸素が多いえらの血管の中ではどのような変化が起こるか。赤血球，ヘモグロビンという2つの語句を用いて書きなさい。

〈福島県〉

光の反射・屈折

例題

正答率

(1) 33%

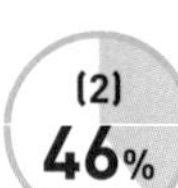

(2) 46%

右の図のように，30°間隔に点線を引いた用紙の上に，光源装置と半円形レンズを置いた。このとき，半円形レンズの平らな面の中心Oは，点線の交点の真上にある。次に，光源装置からOに向けて光を当てたところ，Oから進む光の道すじが2本見えた。

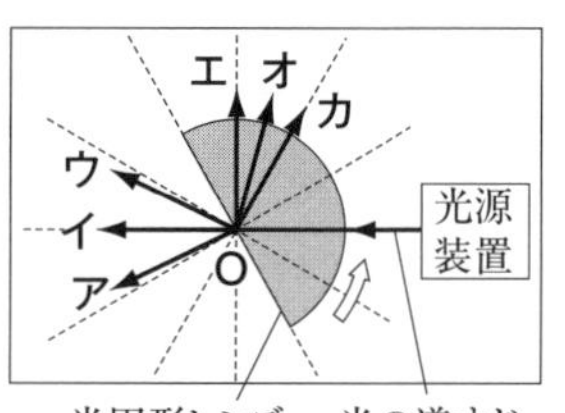

(1) 2本の光の道すじの向きとして適切なものは，ア～カのどれか。2つ選び，記号で答えなさい。

(2) Oを点線の交点の真上に合わせたまま，半円形レンズを⇧の向きに少しずつ回転させていくと，Oから進む光の道すじが1本になった。その理由を書きなさい。

〈秋田県〉

ミスの傾向と対策

(1) 入射角と反射角，屈折角の関係がわかっていても，図のどこが入射角，反射角，屈折角になるかが理解できていないと解けない。半円形レンズの平らな面に垂直に引いた点線が基準になることを思い出しておこう。

(2) 「全反射」という用語は思い出せても，その現象を文章で説明するのが難しかったと考えられる。重要用語はその意味まで理解しておくこと。

解き方

(1) 半円形レンズに入った光は，境界面で反射光と屈折光の2つに分かれる。
入射角＝反射角　より**カ**，ガラス中→空気中では
入射角＜屈折角　より**ウ**を選ぶ。

(2) 入射角が一定以上の大きさになると，光は境界面ですべて反射（全反射）するようになる。

解答

(1) ウ，カ（順不同）

(2)（例）屈折する光がなくなり，光がすべて反射するようになるから。

入試必出! 要点まとめ

■光の反射の法則…入射角＝反射角

■光の屈折

- 空気中→水中（ガラス中）…入射角＞屈折角
- 水中（ガラス中）→空気中…入射角＜屈折角 または全反射

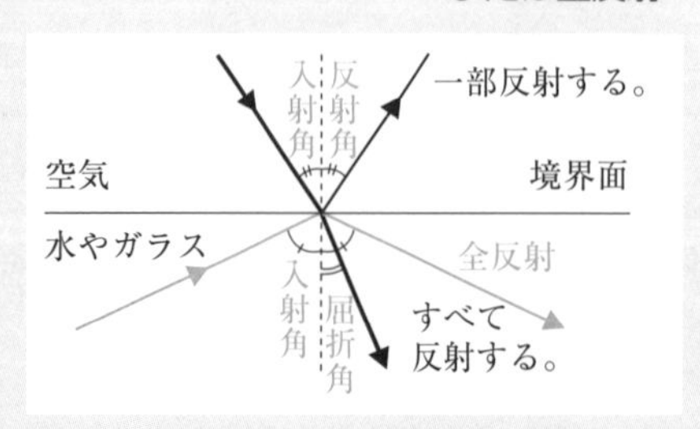

■鏡に映る像

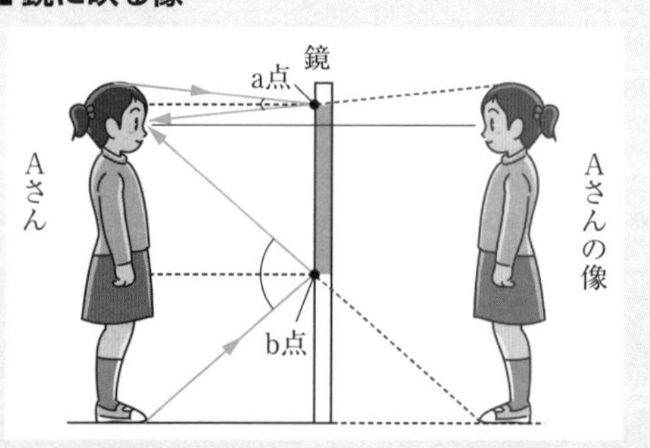

a点，b点で反射した光が目に届いている。

- 鏡に映った像の位置は，鏡に対して実際の物体と線対称の関係にある。

実力チェック問題

解答・解説 別冊 P. 1

1

【実験1】**図1**のように，半円形レンズの平らな面の中心**O**点に向かって，水平な方向から光源装置の光を当てた。**図2**は，半円形レンズをある角度だけ回転させたときの，反射や屈折した光を真上から観察したようすである。

図1

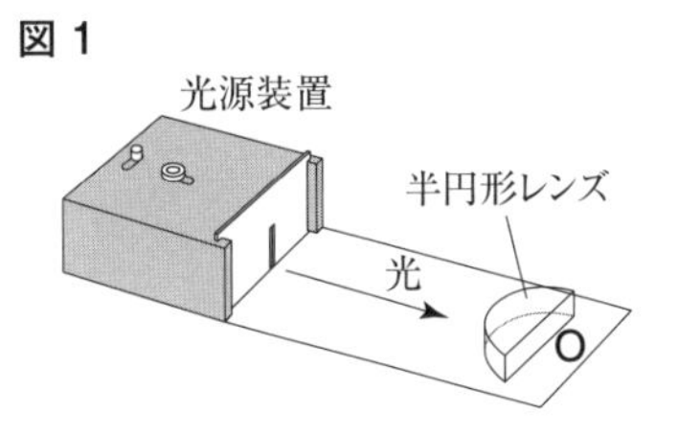

図2

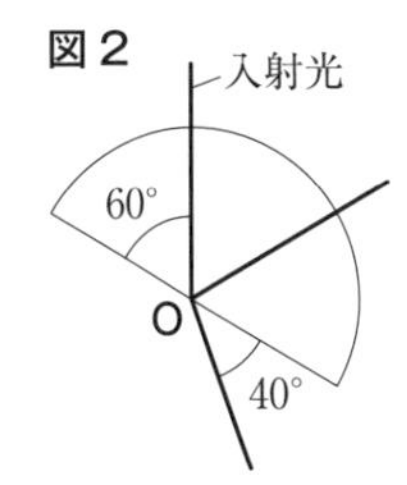

差がつく!! 反射角 24%

差がつく!! 屈折角 21%

(1) **図2**のとき，**O**点での光の反射角と屈折角はそれぞれ何°か。

【実験2】半円形レンズのすぐそばに短い鉛筆を立て，半円形レンズを通して鉛筆を観察する。**図3**はそれを真上から見たようすであり，**A**，**B**は半円形レンズの長方形部分の頂点のうち2つを示す。

図3

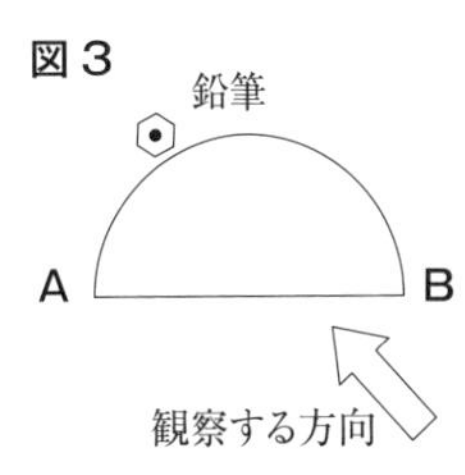

48%

(2) **図3**のように観察する方向を定めたとき，鉛筆の見え方として最も適当なものは，次の**ア**～**エ**のうちどれか。1つ選び，記号で答えなさい。

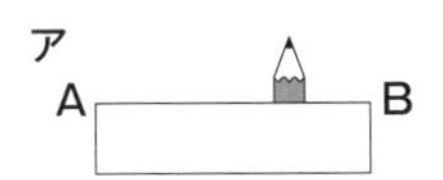

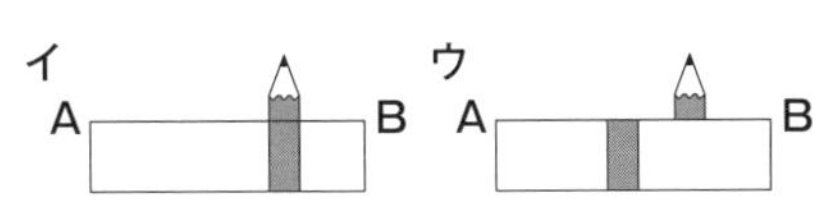

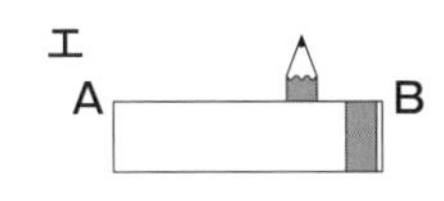

〈長崎県〉

2

図1のように，光源装置から出る光を，反射面が平らな鏡**M**に当てて，光の反射について調べた。**図1**の鏡**M**は，回転の軸を中心に回すことができる。また，**図2**は，**図1**の装置を真上から見たものである。

図1

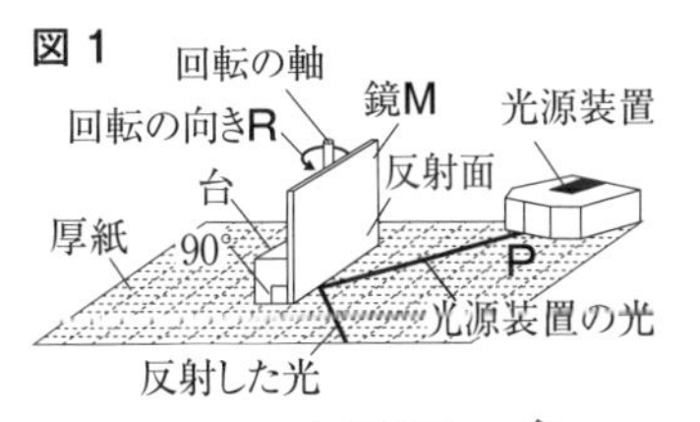

29%

(1) **図1**の鏡**M**を固定し，光源装置から出る光の向きを変えながら，厚紙上の点**P**から光を鏡**M**に当てた。このとき，**図2**の厚紙上の点**a**～**e**のうち，鏡**M**で反射した光が通る点をすべて選び，記号で答えなさい。

図2

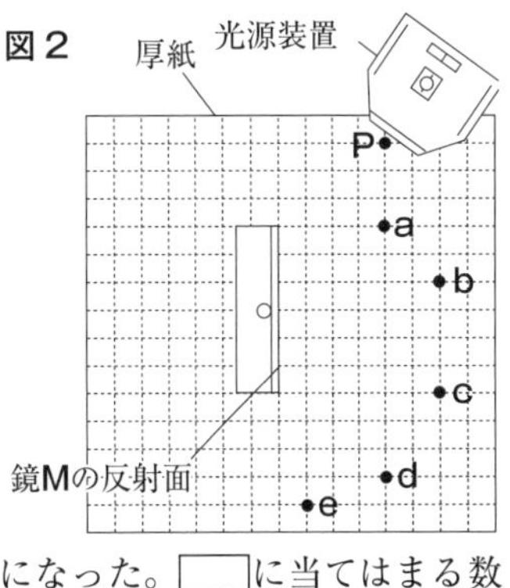

差がつく!! 24%

(2) **図1**の鏡**M**を**R**の向きに回転させ，光源装置から出る光が鏡**M**で反射しているときの入射角と反射角の和が90°になるようにした。光源装置から出る光の向きを変えないで，**図1**の鏡**M**を**R**の向きに，さらに□°回転させると，入射角と反射角の和が50°になった。□に当てはまる数値を書きなさい。ただし，当てはまる数値の範囲は0～60とする。

〈愛媛県〉

凸レンズのはたらき

例題

正答率 差がつく!! 25%

凸レンズと，物体（火のついたロウソク），スクリーンを一直線上に並べ，凸レンズを固定した。さらに，凸レンズの両側にある焦点の位置をA，B，凸レンズから焦点距離の2倍の位置をC, Dとした。また，物体の位置を変えて，そのときに物体の像がはっきり映る位置にスクリーンを動かし，物体の位置とスクリーンの位置およびスクリーン上の像の大きさの関係について調べた。

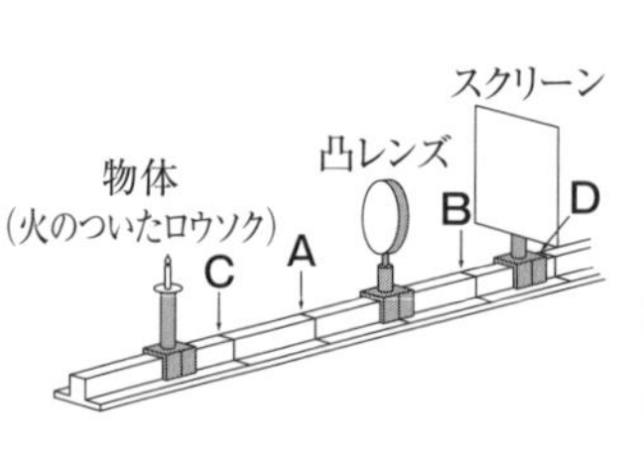

物体の位置	スクリーンの位置	像の大きさ
Cよりも外側	Dよりも内側で Bよりも外側	実際の物体よりも小さい
C	D	実際の物体と同じ
Cよりも内側で Aよりも外側	Dよりも外側	実際の物体よりも大きい
Aよりも内側	スクリーンをどこに置いても像が映らない	像が映らないのではかれない

スクリーンにはっきり映る像の大きさが，実際の物体の大きさと同じとき，物体とスクリーンの間の距離は32cmであった。この凸レンズの焦点距離は何cmですか。

〈神奈川県〉

ミスの傾向と対策　スクリーンに，実際の物体と同じ大きさの実像ができるのは，物体が焦点距離の2倍の位置にあるときであることから，32cm÷2＝16cmとしたミスが多かったと考えられる。32cmは物体とスクリーンの間の距離，つまり焦点距離×4であることに注意しよう。

解き方　スクリーンに，実際の物体と同じ大きさの実像ができるとき，物体とスクリーンはそれぞれ焦点距離の2倍の位置にある。焦点距離を$f$cmとすると，$4f＝32$cmと表されるので，$f＝8$cmである。

解答　8cm

入試必出! 要点まとめ

■凸レンズによる像

● 物体が焦点の外側

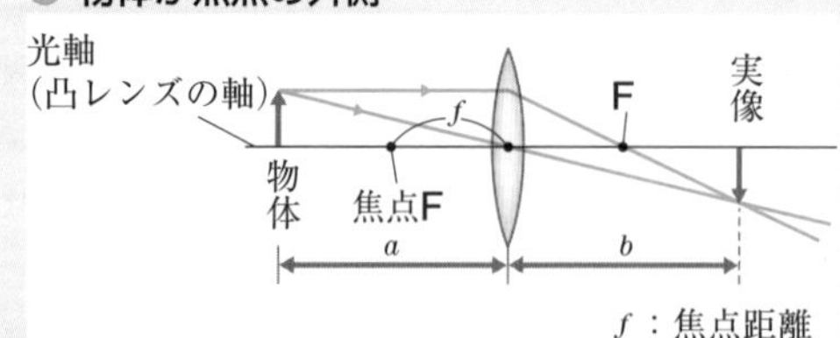

● 物体が焦点の内側

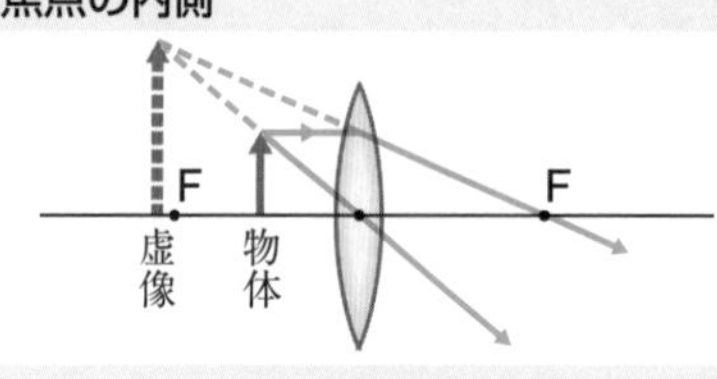

■像の種類

● **実像**…スクリーンに映すことができる，上下左右が逆向きの像。

● **虚像**…凸レンズを通して見える像。物体と同じ向きで物体より大きな像として見える。

a	b	像の大きさ	像の向き	像の種類
$2f$より大	f～$2f$	物体より小	物体と上下左右が逆	実像
$2f$	$2f$	物体と同じ		
$2f$～f	$2f$より大	物体より大		
f	（実像も虚像もできない）			
fより小	物体と同じ側	物体より大	物体と同じ	虚像

（a，b：左図参照，f：焦点距離）

実力チェック問題

解答・解説 別冊 P. 1

1 次の問いに答えなさい。

34%
(1) 次の文の［　　］に当てはまる語句を書きなさい。
　光軸に平行な光が凸レンズに入るときと出るときに［　　　　］点を焦点という。

49%
(2) 日常生活の中で見られる，凸レンズによって物体上に像を映すしくみをもつものには何があるか。その名称を1つ書きなさい。

〈広島県〉

2 **図1**のように，焦点距離8cmの凸レンズをつけた箱**A**に，半透明のスクリーンをつけた箱**B**を差し込み，簡易カメラを作成した。この簡易カメラで観察するときは，箱**B**は固定し，箱**A**を前後に動かして観察する。**図1**の簡易カメラで，高さ8cmの平面の物体を，平面の物体の中心が光軸上にくるように置いて観察し，スクリーンにはっきりとした像を映した。**図2**は，このときの，真横から見たようすを模式的に表したものであり，凸レンズの中心からスクリーンの中心までの距離は12cm，凸レンズの中心から平面の物体の中心までの距離は24cmであった。また，**図2**の凸レンズは，**図2**の位置から**X**，**Y**の矢印の方向に，それぞれ8cmまで動かすことができる。

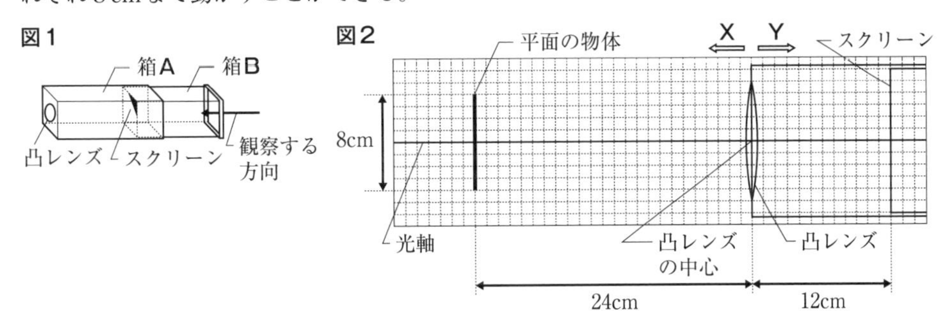

45%
(1) スクリーンに映る像の高さを答えなさい。

差がつく!! 23%
(2) 平面の物体を，**図2**の位置から6cm移動させ，凸レンズの中心から平面の物体までの距離を30cmにしたところ，スクリーンにはっきりした像は映らなかった。スクリーンにはっきりとした像を映すためには，凸レンズを，**図2**の，**X**，**Y**のどちらの矢印の方向に動かせばよいか。また，凸レンズを動かしてスクリーンにはっきりとした像が映るときの像の大きさは，**図2**でスクリーンにはっきりと映った像の大きさと比べて，どのように変化するか。右の**ア**～**エ**の中から，凸レンズを動かす方向と，スクリーンに映る像の大きさの変化の組み合わせとして，最も適切なものを1つ選び，記号で答えなさい。

	凸レンズを動かす方向	スクリーンに映る像
ア	X	大きくなる
イ	X	小さくなる
ウ	Y	大きくなる
エ	Y	小さくなる

〈静岡県〉

物 理

音の性質

例 題

正答率

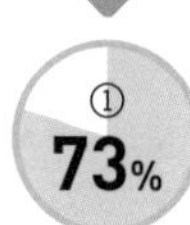

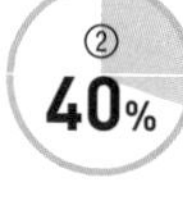

①73%　②40%　③27%

図1のように，校舎の両端P点，Q点にあるスピーカーから同時に音を出し，O点に置いたマイクとコンピュータで届いた音を記録した。図2は，届いた音の波の形を示したもので，横軸は時間，縦軸は振幅を表している。

図1

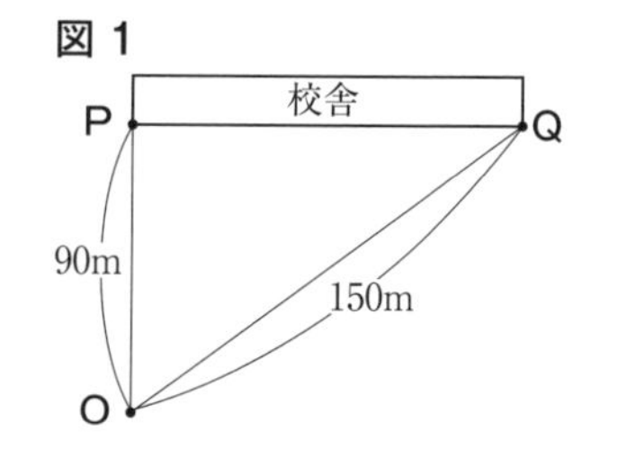

実験より，このときの音の速さを求めたい。次の文の［①］～［③］に入る適切な数値を書きなさい。ただし，［③］は小数第1位を四捨五入して整数で書きなさい。

図2

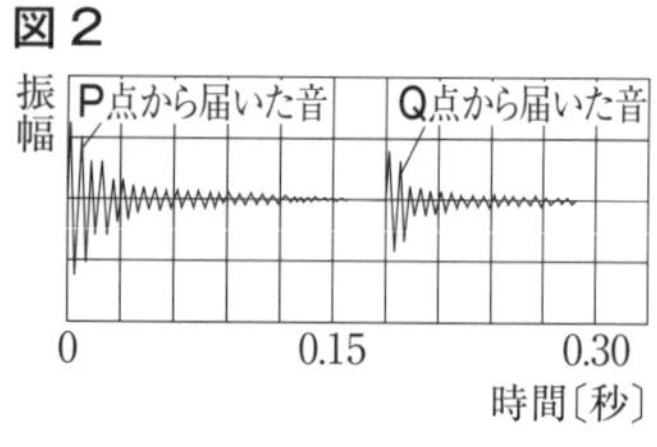

図1より，各スピーカーからマイクまでの距離の差は［①］mである。また，図2より，各スピーカーから出た音は［②］秒違いでマイクに届いている。したがって，このときの音の速さは約［③］m/sと考えられる。　〈青森県〉

ミスの傾向と対策

③　図1から，スピーカーQからマイクまでの距離150mをそのまま使って，$\frac{150\text{m}}{0.18\text{s}}$としたミスが多かったと考えられる。図や問題文から正しく数値を読みとれるように練習しておこう。また，計算問題は必ず検算をすること。

解き方　図1より，各スピーカーからマイクまでの距離の差は150m − 90m = 60m

図2より，各スピーカーから出た音が届く時間の差は約0.18秒である。このことから，音が60m伝わるのに0.18秒かかったとわかる。よって，

$\frac{60\text{m}}{0.18\text{s}}$ = 333.3…より，333m/s

解 答　① 60　② 0.18　③ 333

入試必出！ 要点まとめ

■ 音の大きさと高さ

- 音の大きさは，振幅によって決まる。
  振幅㊥→大きい音，振幅㊕→小さい音
- 音の高さは，振動数によって決まる。
  振動数㊫→高い音，振動数㊦→低い音

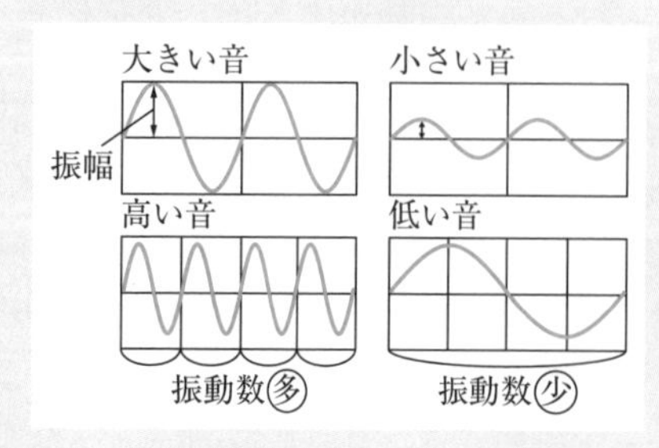

■ 弦の出す音

	高い音	低い音
弦の長さ	短い	長い
弦の太さ	細い	太い
弦を張る強さ	強い	弱い

- 弦を強くはじく→大きな音になる。

■ 音の伝わり方

- 真空中では伝わらない。
- 音の速さ〔m/s〕＝ $\frac{\text{音が伝わる距離〔m〕}}{\text{音が伝わる時間〔s〕}}$
- 空気中では，約340m/sの速さで伝わる。

1

【実験1】右の図のモノコードの弦を指ではじき，弦を1秒間に125回振動させて，次の①，②の観察を行った。

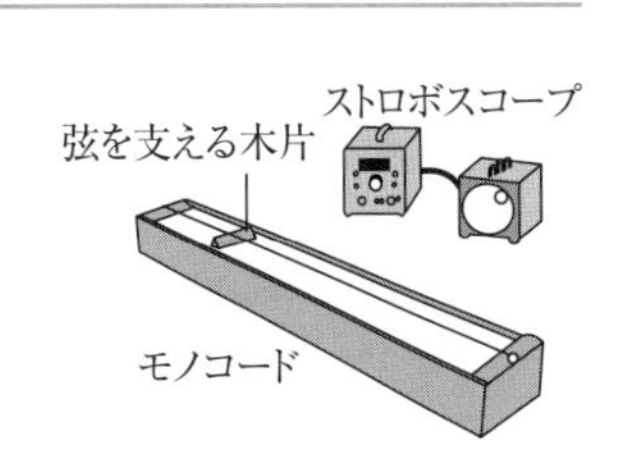

①うす暗い部屋で，ストロボスコープを1秒間に125回発光させて弦の振動を観察すると，**図1**のように弦が静止して見えた。ただし，**図1**の点線は，はじく前の弦の位置を表している。

②①で観察した弦の振動によって出た音のようすをコンピュータの画面に表示すると，**図2**のようになった。ただし，横軸は時間を表している。

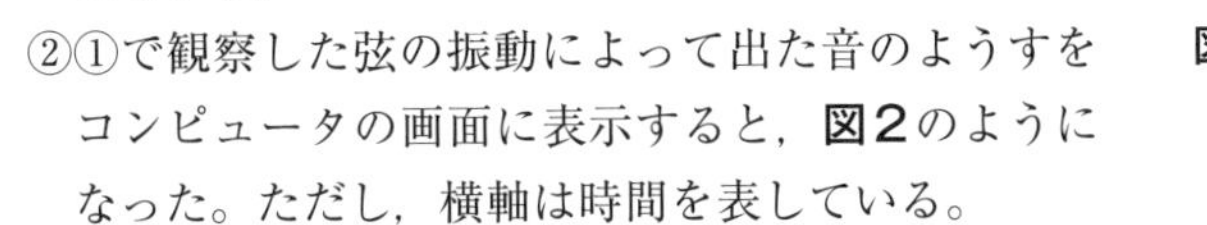

図1

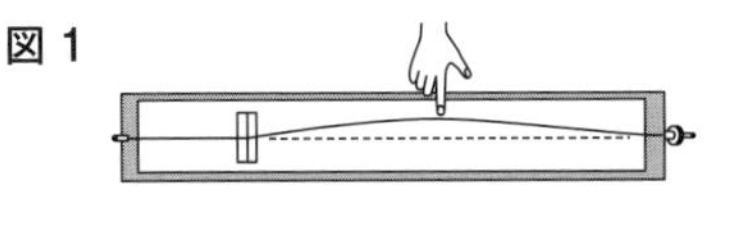

図2

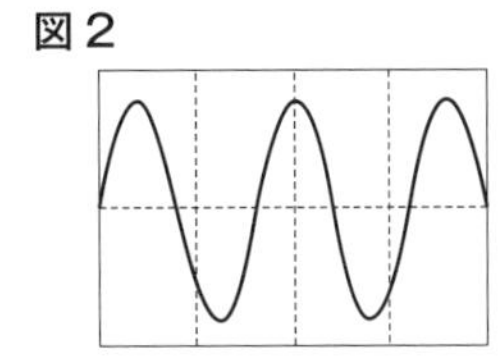

【実験2】実験1と同じモノコードの弦を張る強さを変えて，弦を指ではじき，出た音のようすをコンピュータの画面に表示すると，**図3**のようになった。ただし，**図3**の横軸の目もりの間隔は，**図2**と同じである。

図3

48%

(1) 実験1で，ストロボスコープを1秒間に250回発光させて観察すると，弦はどのように見えるか。**ア**～**エ**から1つ選び，記号で答えなさい。

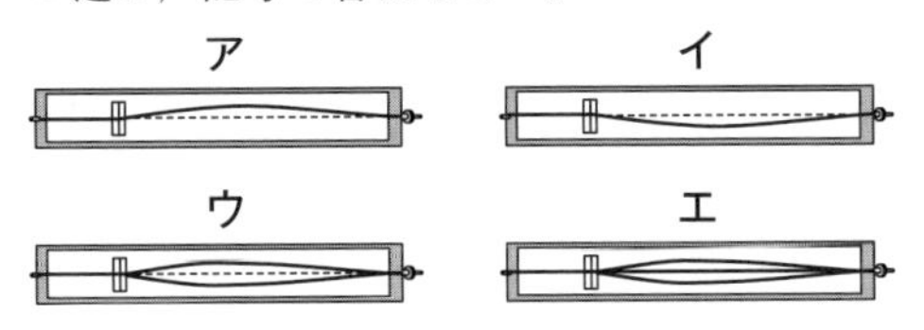

39%

(2) モノコードから出る音の高さを，実験1から実験2のように変化させる方法のうち，実験2とは別の方法を1つ書きなさい。ただし，弦のはじき方を変えたり，弦を交換したりしないものとする。

〈福島県〉

2

34%

右の図のように，漁業では，超音波の反射を利用して，魚の群れの位置を調べている。船の底から発射した超音波が魚の群れに当たり，はね返って戻ってくるまでの時間が0.04秒であったとすると，船の底と魚の群れとの距離は何mか，求めなさい。ただし，水中の音の速さは1500m/sとする。

〈大分県〉

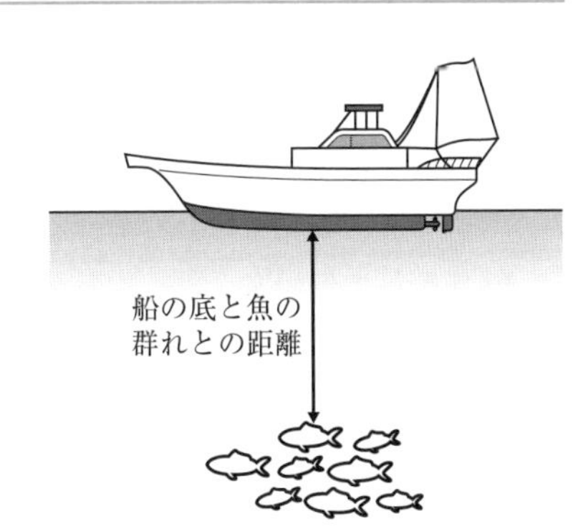

回路と電流・電圧

例 題

正答率 30%

抵抗器A，スイッチ，電圧計，電流計および電源装置を用いて，実験を行った。

【実験】抵抗器Aにかかる電圧と流れる電流の大きさを測定するために回路をつくり，電源装置の電圧を変化させてくり返し測定した。右の図は，このときの回路の一部を示したものである。

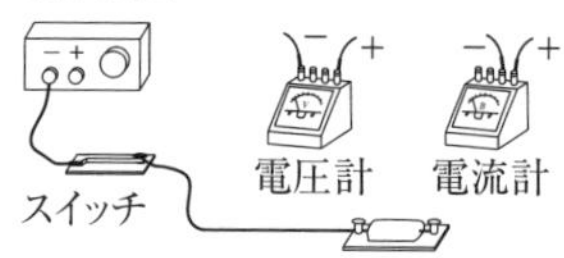

この図に，必要な導線を表す線をかき加えて，実験の回路を表す図を完成させなさい。ただし，抵抗器Aにかかる電圧と抵抗器Aに流れる電流を同時に測定できるようにつなぐこと。

〈栃木県〉

ミスの傾向と対策

電圧計は，測定したい部分に並列につなぐことを忘れ，電流計，電圧計の両方を直列につないだミスが多かったと考えられる。回路を完成させる問題や回路図をかく問題は入試によく出る作図のパターンなので，電流計，電圧計のつなぎ方，電気用図記号は正しく覚えておこう。

解き方

電流計は測定したい点に直列，電圧計は測定したい部分（抵抗器A）に並列につなぐ。それぞれの－端子が電源装置の－極側，＋端子が電源装置の＋極側につながるように線で結ぶ。

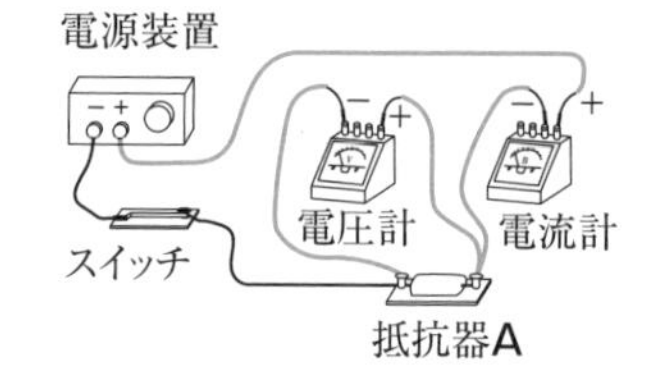

解 答　右図

要点まとめ

■ 電流計の使い方

- 測定したい点に直列につなぐ。
- 電流の大きさが予測できないときは，5Aの－端子につなぐ。針の振れが小さいときは，500mA, 50mAの－端子に順につなぎかえる。

■ 電圧計の使い方

- 測定したい部分に並列につなぐ。
- 電圧の大きさが予測できないときは，300Vの－端子につなぐ。針の振れが小さいときは，15V，3Vの－端子に順につなぎかえる。

■ 回路図

- 電気用図記号を使って回路全体を表したものを回路図という。
- **おもな電気用図記号**

	電源（電池）	電球	スイッチ
電気用図記号	─┤├─ 長いほうが＋極	⊗	─╱ ─
	電流計	**電圧計**	**抵抗器**
電気用図記号	Ⓐ	Ⓥ	─□─

実力チェック問題

解答・解説 別冊 P. 2

1 45%

右の図のような回路をつくり，電源装置の電圧を調整して，電流計と電圧計のそれぞれが示す値を読みとり，記録した。

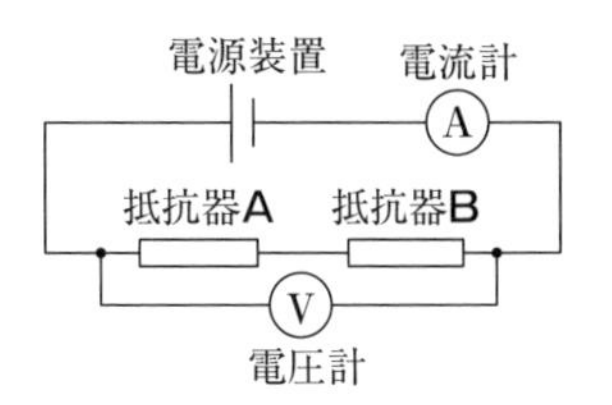

電源装置の電圧を0Vから少しずつ大きくして実験した場合，電源装置の－端子とつなぐ電流計の－端子を，50mA端子から500mA端子につなぎ変えなければならないのは，電圧計が示す電圧が何Vのときか。最も近いものを，次の**ア**～**エ**から1つ選び，記号で答えなさい。

ア 1V　**イ** 2V　**ウ** 3V　**エ** 4V

〈山形県〉

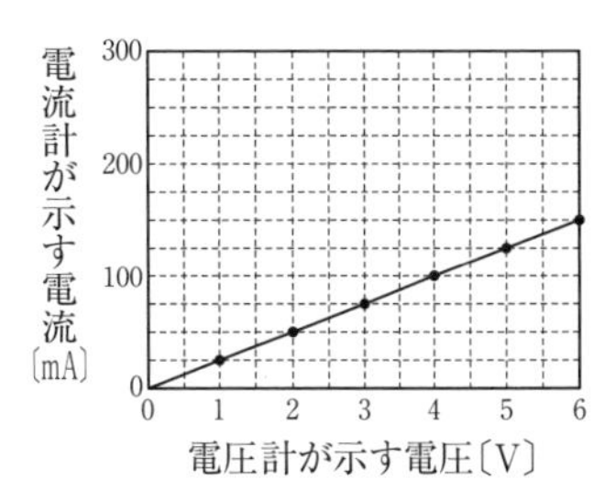

2 38%

【実験】

①抵抗の大きさが等しい電熱線**P**と電熱線**Q**，電源装置，スイッチ，導線を使って，右の図のように回路を組み立てた。

②**a**点と**b**点の間に加わる電圧を測定するための電圧計と，電熱線**P**を流れる電流の大きさを測定するための電流計を正しくつないだ。

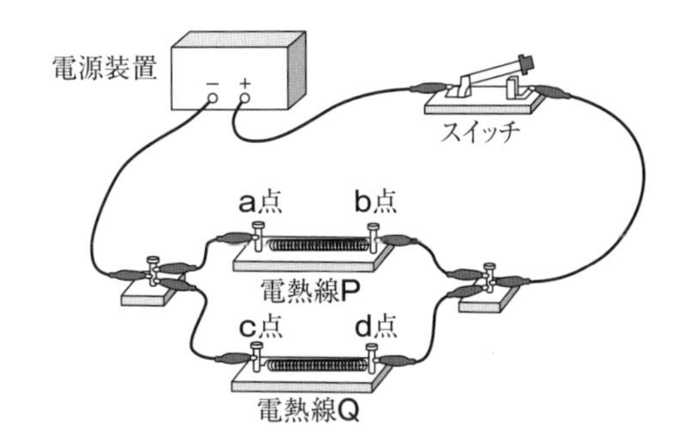

右の回路図は，②の回路を，電気用図記号を用いて途中までかいたものである。電圧計と電流計を1台ずつつないで，この回路図を完成させなさい。ただし，電気用図記号で電圧計はⓋ，電流計はⒶで表す。

〈埼玉県〉

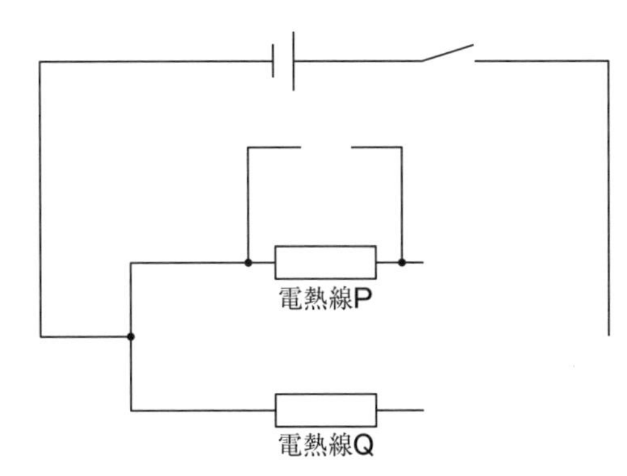

3 37%

回路を流れる電流の大きさが予想しにくいとき，接続すべき電流計の－端子は，どのように選ぶとよいか。その手順を書きなさい。

〈長崎県〉

電流・電圧と抵抗，電流のはたらき

正答率 44%

【実験】図1のように，抵抗器をつないだ回路をつくり，スイッチを入れ，抵抗器P（Q）に加える電圧を0Vから6Vまで変化させて電流の大きさを測定した。図2はその結果をグラフに表したものである。加える電圧を大きくしたときの抵抗器Pと抵抗器Qの抵抗について正しいものを選び，記号で答えなさい。

図1

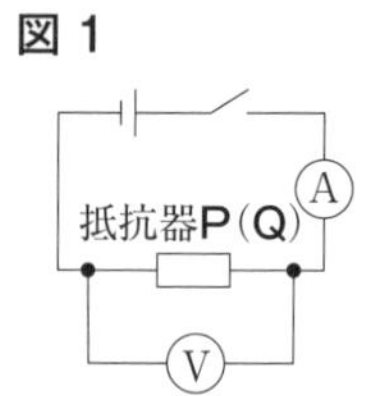

図2

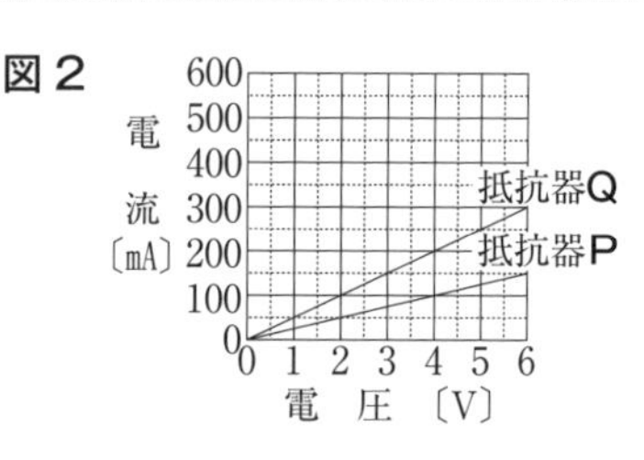

ア　抵抗の値は，抵抗器Pも抵抗器Qも一定で，抵抗器Pのほうが大きい。
イ　抵抗の値は，抵抗器Pも抵抗器Qも一定で，抵抗器Qのほうが大きい。
ウ　抵抗の値は，抵抗器Pも抵抗器Qもだんだん大きくなり，抵抗器Pのほうが常に大きい。
エ　抵抗の値は，抵抗器Pも抵抗器Qもだんだん大きくなり，抵抗器Qのほうが常に大きい。

〈宮城県〉

ミスの傾向と対策　図2を見て，グラフが上側にある抵抗器Qのほうが抵抗が大きいと勘違いしてしまったミスが多かったと考えられる。抵抗は，電流の流れにくさのことであることを思い出し，落ち着いてグラフを読みとるように気をつけよう。

解き方　図2より，電流は電圧に比例しているので，抵抗の値は変化しない。また，抵抗は電流の流れにくさのことなので，同じ大きさの電圧を加えたとき，流れる電流が小さい抵抗器Pのほうが抵抗の値は大きい。

解答　ア

入試必出! 要点まとめ

■ **直列回路**
- 電流…$I_1 = I_2 = I_3$
- 電圧…$V = V_1 + V_2$
- 回路全体の抵抗R
  $R = R_1 + R_2$

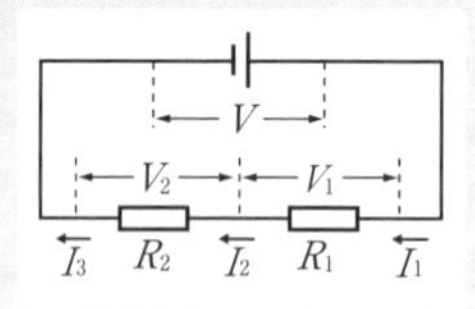

■ **並列回路**
- 電流…$I = I_1 + I_2 = I'$
- 電圧…$V = V_1 = V_2$
- 回路全体の抵抗R
  $\dfrac{1}{R} = \dfrac{1}{R_1} + \dfrac{1}{R_2}$

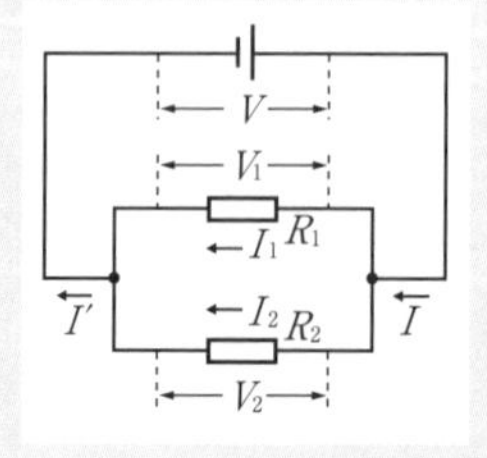

■ **オームの法則**
- 電圧〔V〕＝抵抗〔Ω〕×電流〔A〕

■ **電力と電力量**
- **電力**…1秒間当たりに使われる電気エネルギーの大きさ。
  電力〔W〕＝電圧〔V〕×電流〔A〕
- **電力量**…電流が消費したエネルギーの量。
  電力量〔J〕＝電力〔W〕×時間〔s〕
  電力量〔Wh〕＝電力〔W〕×時間〔h〕

■ **熱量**
- 電流による発熱量〔J〕＝電力〔W〕×時間〔s〕
- 1gの水の温度を1℃上げるのに必要な熱量は約4.2J。

実力チェック問題　解答・解説 別冊 P. 3

1

抵抗の大きさが違う２本の電熱線P，Qを用いて，次の実験を行った。

【実験１】図１のように，電熱線Pを用いて回路を組み立てた。電熱線Pにかかる電圧の大きさを1.0Vから5.0Vまで１Vずつ上げていき，電熱線Pを流れる電流の大きさを測定し，結果を表にまとめた。

図１

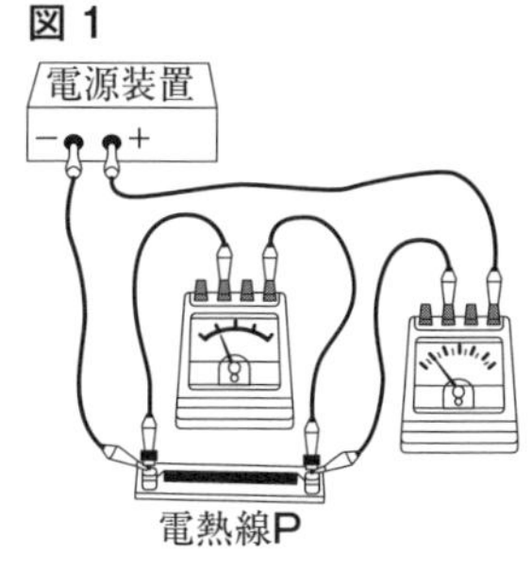

電圧〔V〕	1.0	2.0	3.0	4.0	5.0
電流〔mA〕	40	80	120	160	200

【実験２】図２，図３のように，電熱線Pと電熱線Qを使って直列回路と並列回路を組み立て，それぞれの電流と電圧の関係を調べた。直列回路では，「点aと点bの間の電圧」と「点cを流れる電流」を測定した。並列回路では，「点dと点eの間の電圧」と「点fを流れる電流」を測定した。図４は，その結果をグラフに表したものである。

図２・図３

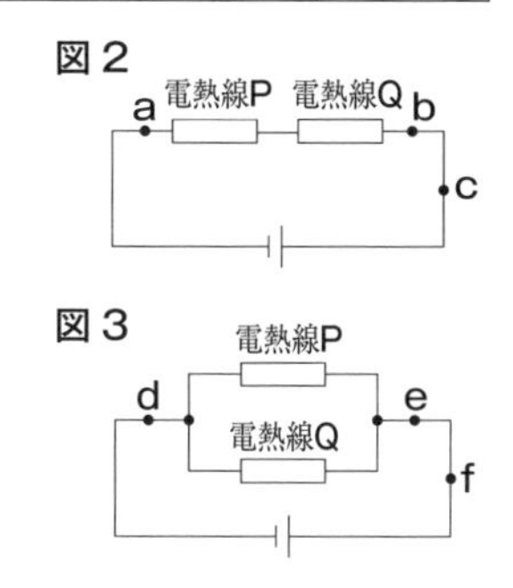

図４

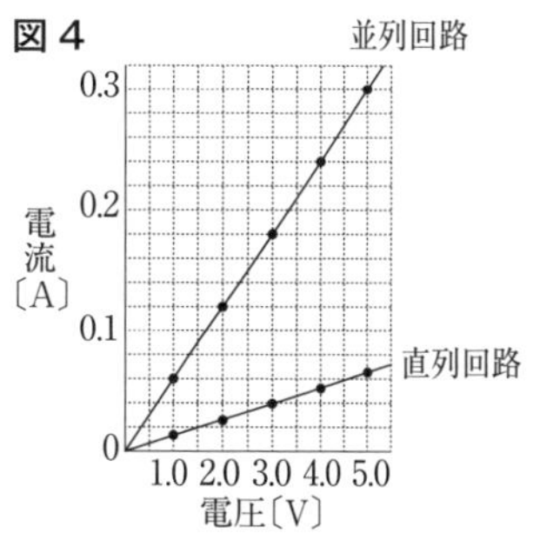

(1) 39%　(2)P 43%　(2)Q 33%　差がつく!! (3) 24%

〔1〕実験１の結果から，測定値を点（・）で表し，電流と電圧の関係を表すグラフをかきなさい。ただし，電流の単位はA，電圧の単位はVを用い，軸に目もりをつけなさい。

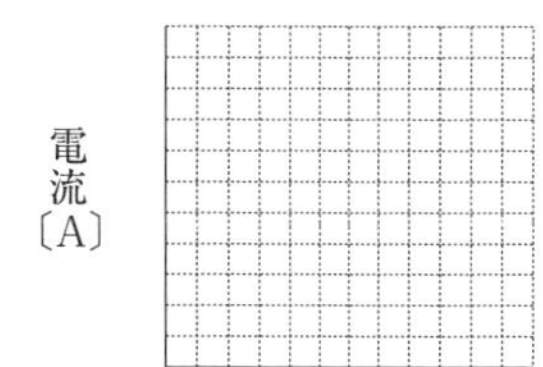

〔2〕電熱線Pと電熱線Qの抵抗の大きさはそれぞれ何Ωか。

〔3〕図３の並列回路で，点fを流れる電流が0.12Aのとき電熱線Qを流れる電流は何Aか。

〈千葉県〉

2

【実験】電気抵抗２Ωの電熱線aと電気抵抗６Ωの電熱線bをそれぞれ水100cm³（100g）を入れた断熱容器に入れて，直列につないで回路をつくった。

断熱容器内の水温が，室温と同じになるまで放置したあと，スイッチを入れて，電圧計が６Vを示すように電源装置を調節した。ガラス棒で，静かに水をかきまぜながら，水温を測定したところ，電熱線bを入れた断熱容器内の水温が，10分後に4.8℃上昇した。

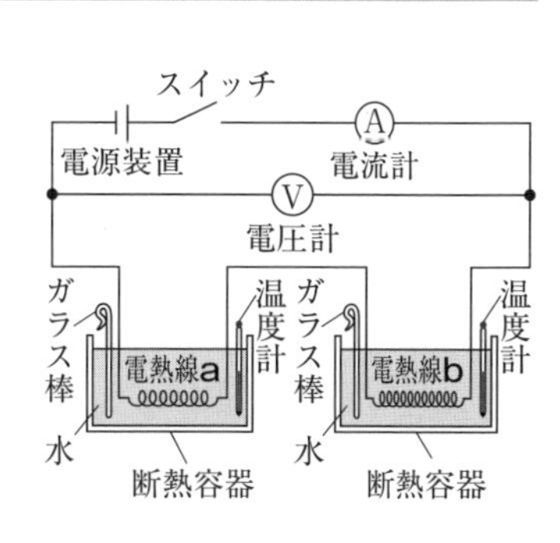

差がつく!! 23%

〔1〕電熱線aの両端に加わる電圧は何Vか，求めなさい。

差がつく!! 18%

〔2〕電流を流し始めてから10分後に，電熱線aを入れた断熱容器内の水温は何℃上昇するか。最も適当なものを，次のア～オから１つ選び，その符号を書きなさい。ただし，電熱線から発生した熱はすべて水温の上昇に使われたものとし，水の温度変化は電熱線から発生する熱量に比例するものとする。

ア　1.6℃　　イ　2.4℃　　ウ　4.8℃　　エ　9.6℃　　オ　14.4℃

〈新潟県〉

電流がつくる磁界

例題

正答率 28%

図1，**図2**では方位磁針のN極を黒色で表示している。**図1**のように，コイルのまわりに2つの方位磁針を置き，コイルに**A**，**B**いずれかの向きの電流を流したところ，2つの方位磁針のN極は，**図1**のような向きを指した。このとき，コイルに流れている電流の向きと，**図1**の位置**P**に方位磁針を置いたときにN極が指す向きを組み合わせたものとして適切なものを**ア**～**エ**から選び，記号で答えなさい。

図1

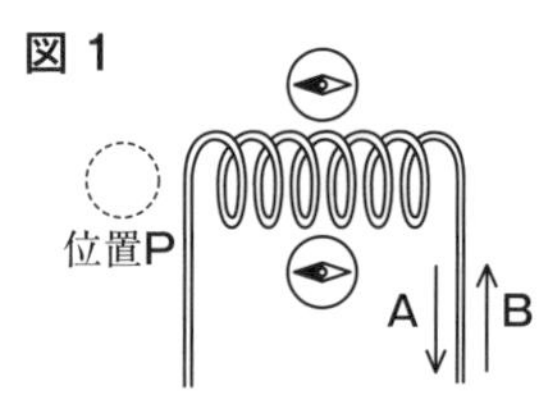

図2

	コイルに流れている電流の向き	位置Pに方位磁針を置いたときにN極が指す向き
ア	図1のAの向き	図2のCの向き
イ	図1のAの向き	図2のDの向き
ウ	図1のBの向き	図2のCの向き
エ	図1のBの向き	図2のDの向き

〈東京都〉

コイルの内側と外側で磁界の向きは逆になることが理解できておらず，電流の向きを**B**と考え，位置**P**に置いた方位磁針のN極の向きを**図2**の**C**としたミスが多かったと考えられる。コイルや導線，棒磁石のまわりにできる磁界のようすについて，確認しておこう。

解き方 コイルの内側と外側では，磁界の向きは逆になるので，位置**P**に置いた方位磁針のN極が指す向きは**図2**の**D**である。コイルの内側でN極が指す向きに右手の親指を合わせ，コイルをにぎるようにすると，電流の向きは**A**となる。

解答 イ

入試必出! 要点まとめ

■ 磁界（磁場）

- 磁力のはたらく空間。
- **磁界の向き**…方位磁針のN極が指す向き。
- **磁力線**…磁界のようすを表す線。N極から出てS極に入る。

■ 磁界のようす

- **棒磁石のまわりにできる磁界**

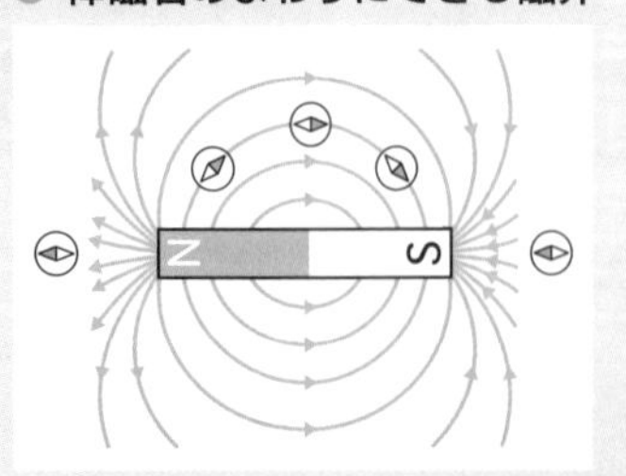

- **電流のまわりにできる磁界**

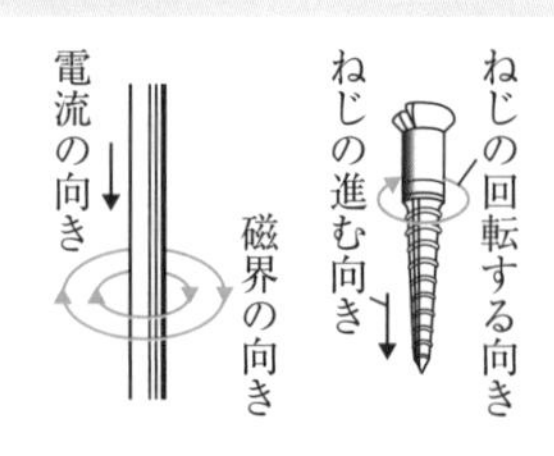

- **コイルの内部にできる磁界**

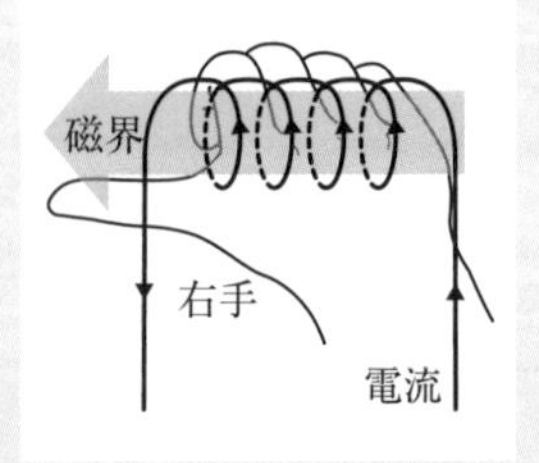

■ 磁界の強さ

- 磁力または電流が大きいほど磁界は強い。
- 電流のまわりにできる磁界は，導線に近いほど強い。
- コイルのまわりにできる磁界は，コイルの巻数が多いほど強い。

1　47%

【実験】図1のような装置をつくり，導線のまわりに方位磁針を置き，導線に電流をaの向きに流して，磁界の向きを調べる。

実験について，方位磁針を上から見たときのようすを模式的に表したものとして，最も適切なものを，次のア～エから1つ選び，記号で答えなさい。なお，図2は実験で使用した方位磁針を表したものである。

図1

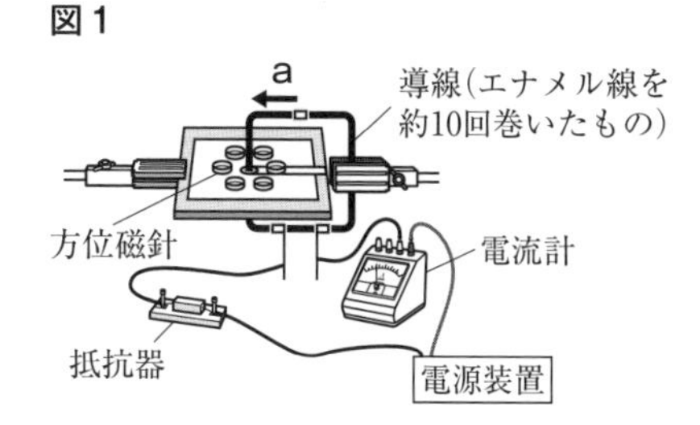

図2

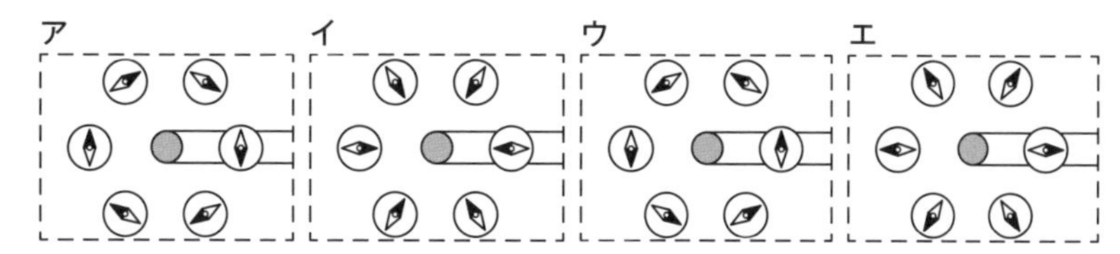

〈鳥取県〉

2　差がつく!!　5%

アキラさんとユウさんは，電流がつくる磁界のようすを調べるために，次の実験を行った。

【実験】図1のように，コイルを厚紙に固定して電流を流せるようにし，コイルからの距離が異なる位置P，Qに方位磁針をそれぞれ置いた。その後，コイルに流す電流を少しずつ大きくして，N極が指す向きの変化を観察した。

図1

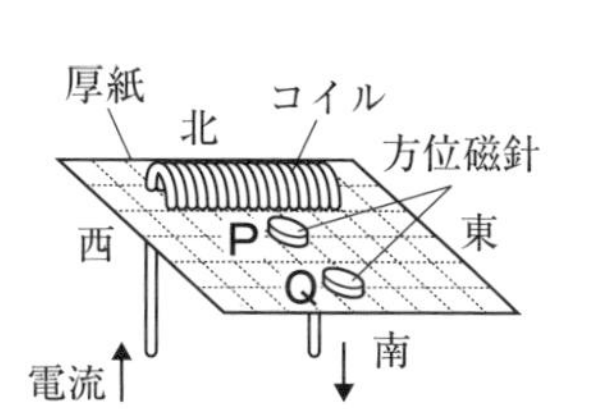

図2

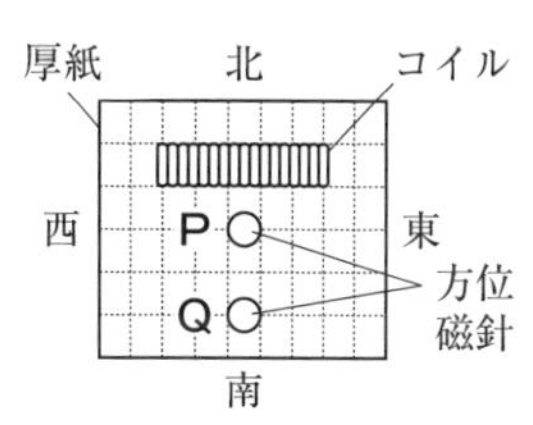

図2は，図1の装置を真上から見たようすを模式的に示したものである。

実験について，位置P，Qに置かれた方位磁針のN極が指す向きは表のように変化した。この結果からわかることは何か。「コイルがつくる磁界の強さは」の書き出しで，簡潔に書きなさい。

	電流の大きさ			
	0	小 ⟹		大
位置Pの方位磁針の向き				
位置Qの方位磁針の向き				

〈栃木県〉

物理

磁界の中の電流が受ける力

例題

正答率 30%

図1のような回路をつくった。回路中のZは，エナメル線を巻いてつくったコイルの両端を水平にのばし，金属でできた軸受けを通してなめらかに回転できるようにしたものである。点線で囲まれた部分は軸受けの部分を拡大したもので，軸受けと接する部分のエナメルはすべてはがしてある。

図1

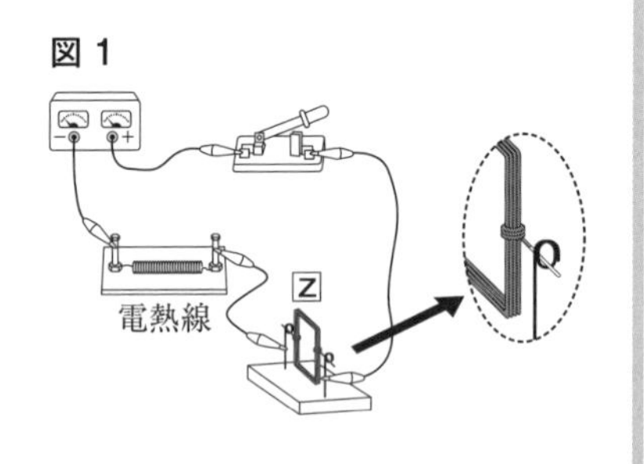

図2のように磁石を近づけスイッチを入れたところ，コイルは少し動いた。次のア〜エの中で，少し動いた結果，回転を始める方向が図2と同じものはどれか。1つ選び，記号で答えなさい。

図2

ア

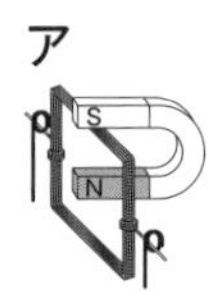

イ

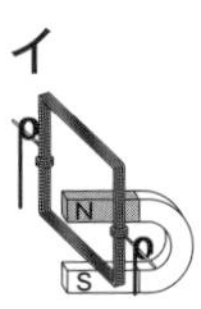

ウ

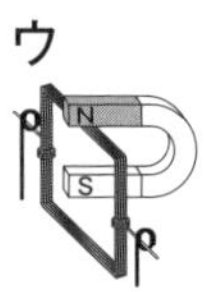

エ

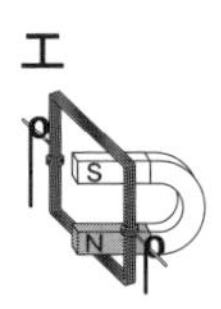

〈山梨県〉

電流の向きと磁界の向きの両方が**図2**とは逆向きの**ウ**を選ぶミスが多かったと考えられる。**図2**と同じ向きに回転させるには，**ア**や**ウ**のようにコイルの上側がU字形磁石の磁界の中に入っているときは，**図2**の場合と磁界から受ける力の向きを逆向きにする必要がある。

解き方 **イ**：磁界の向きが逆なので，コイルの下側にはたらく力が逆向きになる。

ウ：電流の向きと磁界の向きの両方が逆向きになるため，**図2**と同じ向きに力を受けるので誤り。

エ：コイルは磁界の影響を受けないので，誤り。

解答 **ア**

入試必出！ 要点まとめ

■ 電流が磁界から受ける力

● **磁界から受ける力の向きを逆にする方法**

・電流の向きを逆にする。

・磁界の向きを逆にする。

・電流の向きと磁界の向きの両方を逆にすると，力の向きはもとと同じになる。

● **磁界から受ける力を大きくする方法**

・電流を大きくする。

・磁界を強くする。

■ モーターのしくみ

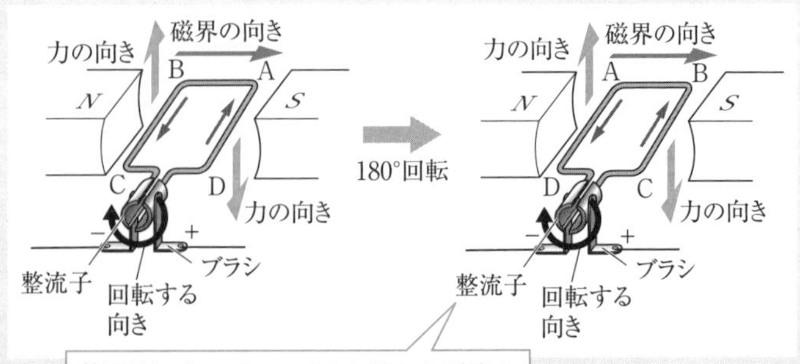

整流子によって，コイルに流れる電流の向きが変わり，コイルが回転し続ける。

実力チェック問題

解答・解説 別冊 P. 4

1

図1は，モーターのしくみを表した模式図である。明美さんは，整流子とブラシと呼ばれる部品がなかったらどのようになるか知りたくなり，コイルに流れる電流が磁界から受ける力について調べる実験を行った。

図1

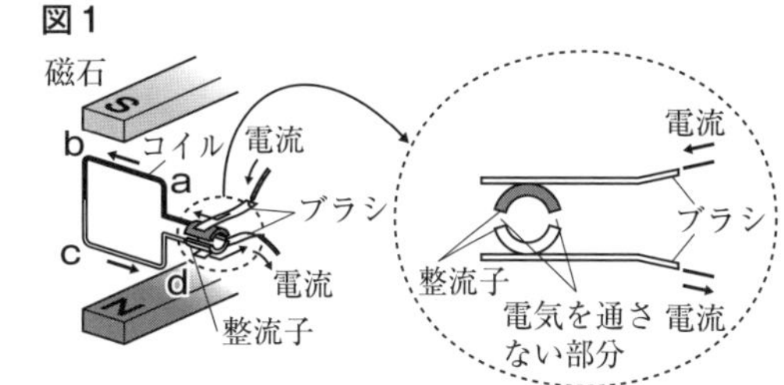

【実験】①コイルと導線を直接つないだ。

②**図2**の模式図のように，磁界の中にコイルを置き，導線を電源装置につないで矢印の向きに電流を流し，コイルに流れる電流が磁界から受ける力の大きさと向きを調べた。

図2 **図3**

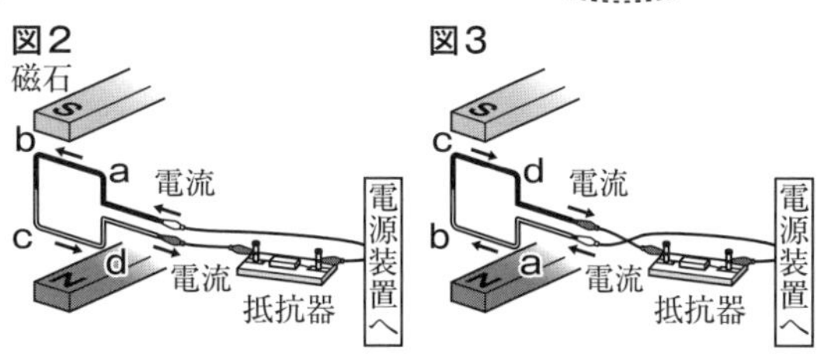

③**図3**の模式図のように，磁界の中にコイルを回転させて置き，導線を電源装置につないで矢印の向きに電流を流し，コイルに流れる電流が磁界から受ける力の大きさと向きを調べた。

41%

(1) 明美さんは，実験をもとにコイルに流れる電流が磁界から受ける力について，次のようにまとめた。□に適切な図の組み合わせを，下の**ア**～**エ**から1つ選び，記号で答えなさい。ただし，電流の向きと磁界の向き，電流が磁界から受ける力の向きの関係は，**図4**のようになる。

図4

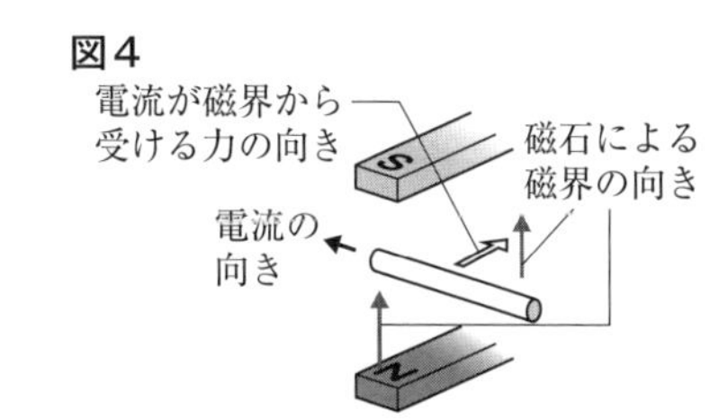

図2，**図3**において，コイルの**a b**部分と**c d**部分に流れる電流が磁界から受ける力の向きは，□となる。

ア 図2	ア 図3	イ 図2	イ 図3	ウ 図2	ウ 図3	エ 図2	エ 図3
力の向き a 電流 b c d 電流	力の向き d 電流 c b a 電流	力の向き a 電流 b c d 電流	力の向き d 電流 c b a 電流	力の向き a 電流 b c d 電流	力の向き d 電流 c b a 電流	力の向き a 電流 b c d 電流	力の向き d 電流 c b a 電流

47%

(2) 明美さんは，整流子のはたらきについて，次のようにまとめた。□に入る最も適当な内容を，あとの**ア**～**エ**から1つ選び，記号で答えなさい。

モーターは，コイルが連続的に回転するように工夫された装置である。回転する整流子には□はたらきがある。

ア 半回転ごとに，コイルに電流が流れないようにする
イ 半回転ごとに，コイルに流れる電流の向きを切りかえる
ウ 1回転ごとに，コイルに電流が流れないようにする
エ 1回転ごとに，コイルに流れる電流の向きを切りかえる

〈宮崎県〉

物理

電磁誘導と発電

例題

正答率 44%

【実験】**図1**のように，コイルに検流計をつないだ回路をつくり，棒磁石のN極をコイルに近づけると，検流計の針が右に振れた。
実験の回路を用いて，**図2**のように，コイルの上で棒磁石のN極を下にしたまま，棒磁石を矢印の向きに移動させると，検流計の針が振れた。このときの検流計の針の振れ方はどのようになるか。最も適当なものを，次の**ア**～**エ**から1つ選び，記号で答えなさい。

ア　右に振れた。　　**イ**　左に振れた。
ウ　はじめは右に振れ，途中から左に振れた。
エ　はじめは左に振れ，途中から右に振れた。

図1

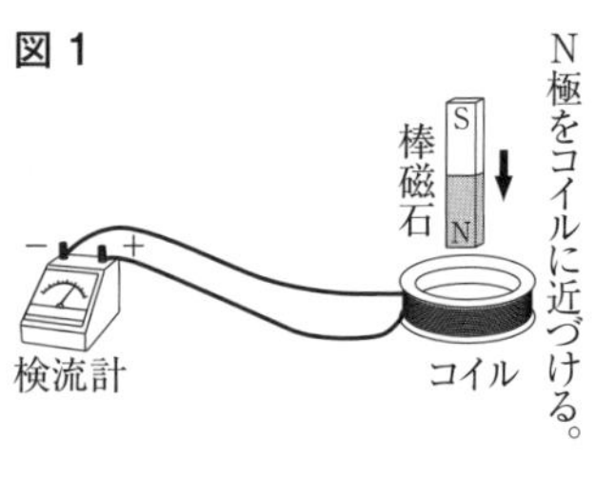

図2

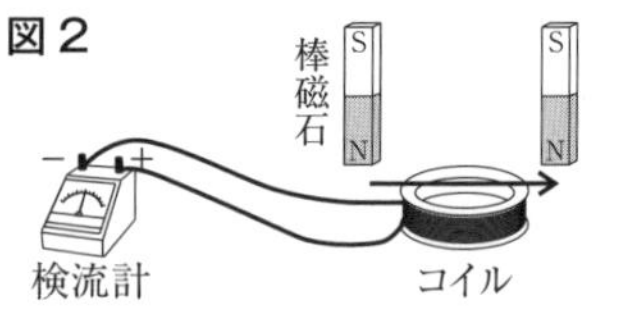

〈新潟県〉

ミスの傾向と対策

棒磁石を上下に動かす問題はよくあるが，左右に動かす問題はあまり見かけないため，どのような変化が生じるかがわからなかったと考えられる。棒磁石を上下に動かしても左右に動かしても，「N極が近づく」「N極が遠ざかる」という動きは同じである。

解き方

図1で，棒磁石のN極を近づけると検流計の針は右に振れた。**図2**では，はじめ棒磁石のN極が近づくので，検流計の針は右に振れる。その後，N極が遠ざかるので，検流計の針は左に振れる。

解答　ウ

入試必出! 要点まとめ

■ 電磁誘導

- コイルの中の磁界が変化して，コイルに電流を流そうとする電圧が生じる現象を電磁誘導といい，このとき流れる電流を誘導電流という。

■ 誘導電流の向き

- 磁石の極を反対にすると，誘導電流の向きは逆になる。
- N極（またはS極）を近づけるときと遠ざけるときでは，誘導電流の向きは逆になる。
- 磁石とコイルを静止したままにすると，磁界が変化しないので，誘導電流は流れない。
- 磁石を横に動かしたり，回転させたりしても誘導電流は流れる。

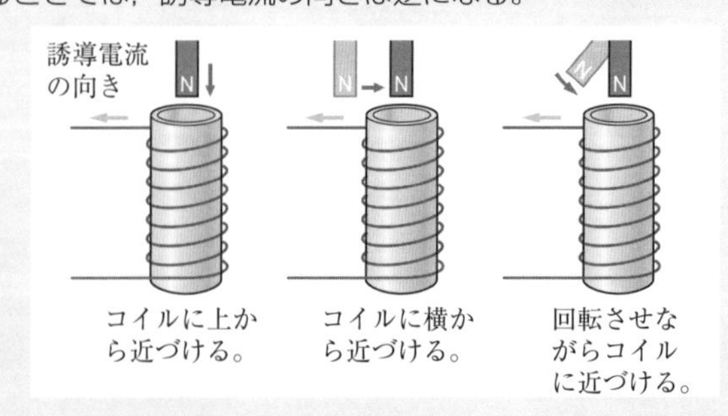

■ 誘導電流を大きくする方法

- 磁石をはやく動かす。
- コイルの巻数を増やす。
- 磁力の強い磁石に変える。

実力チェック問題

解答・解説 別冊 P. 4

1

【実験1】図1のようにコイルAと検流計をつないだ装置をつくり，棒磁石のN極をコイルAの左側から入れ，コイルAの中で静止させたところ，検流計の指針は，はじめ右に振れ，その後，0の位置に戻り止まった。

図1

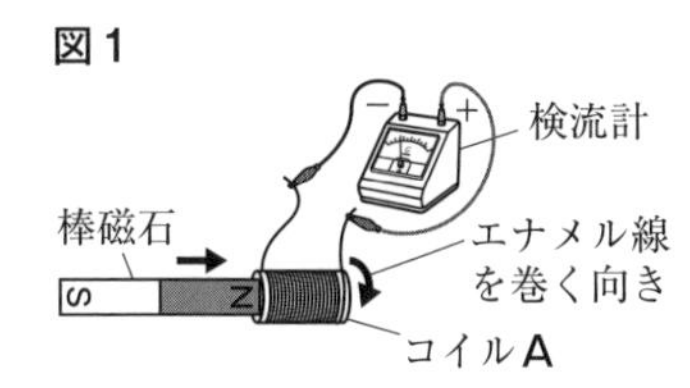

34%

(1) 実験1の結果について，棒磁石をコイルAの中で静止させたとき，検流計の指針が0の位置に戻り止まった理由を「磁界」という語を用いて，説明しなさい。

27%

(2) 実験1と同じ装置および同じ棒磁石を使って，検流計の指針が実験1の振れ幅よりも大きく左に振れるようにするには，どのようにすればよいか，「コイルAの左側から」という書き出しに続けて答えなさい。

【実験2】実験1のコイルAと同じ向きに巻いたコイルBを使い，図2のような装置を組み立てた。その後，電源装置にスイッチを入れ，一定の大きさの直流電流を流し続けて，検流計の指針の動きを観察した。

図2

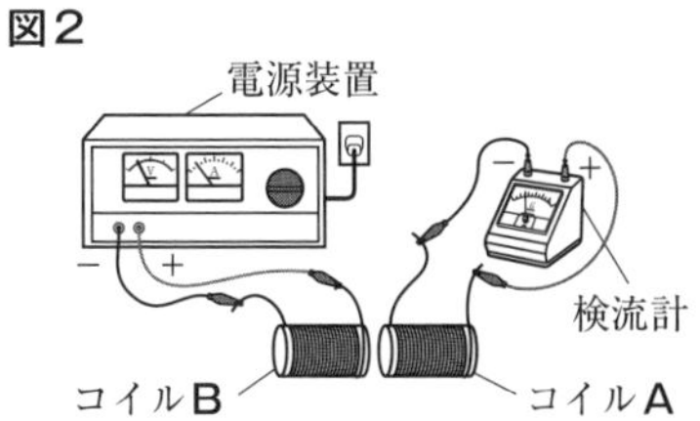

33%

(3) 実験2について，検流計の指針の動きはどのようになるか，最も適切なものを，次のア～エから1つ選び，記号で答えなさい。

ア 左に振れ，その位置で止まった。　**イ** 右に振れ，その位置で止まった。

ウ はじめに左に振れ，その後，0の位置に戻り止まった。

エ はじめに右に振れ，その後，0の位置に戻り止まった。

〈鳥取県〉

2

①コイルA，Bと検流計を導線でつなぎ，右のような装置をつくった。

②棒磁石を矢印（➡）の向きにすばやく動かしたところ，検流計の針が振れ，コイルBが矢印（⇨）の向きに動いた。

コイルA　コイルB　検流計　棒磁石　U字形磁石

コイルBの動く向きを逆にするには，どのような操作をすればよいか。正しいものをすべて選び，記号で答えなさい。

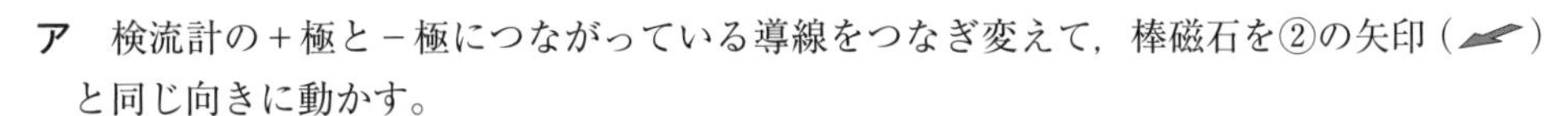

ア 検流計の＋極と−極につながっている導線をつなぎ変えて，棒磁石を②の矢印（➡）と同じ向きに動かす。

イ 棒磁石の極を変えて，棒磁石を②の矢印（➡）と逆向きに動かす。

ウ U字形磁石の極を変えて，棒磁石を②の矢印（➡）と同じ向きに動かす。

エ 棒磁石とU字形磁石の両方の磁石の極を変えて，棒磁石を②の矢印（➡）と逆向きに動かす。

〈埼玉県〉

水圧と浮力

例題

正答率 46%

【実験】**図1**のように，透明な円筒容器の上下に同じゴム膜を張った装置を，この向きで水中に入れ，ゴム膜のようすを観察したところ，上のゴム膜と下のゴム膜とではへこみ方が**図2**のように違っていた。

図1

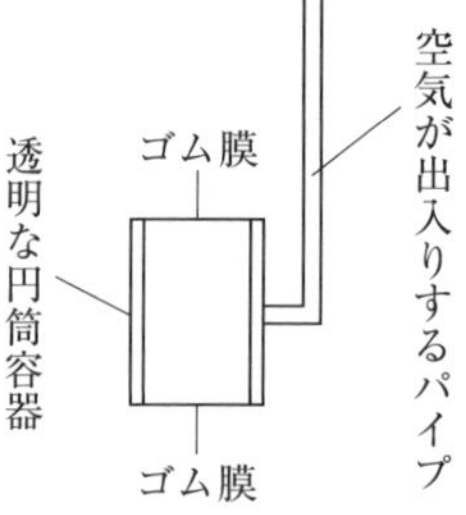

透明な円筒容器　ゴム膜　ゴム膜　空気が出入りするパイプ

図2

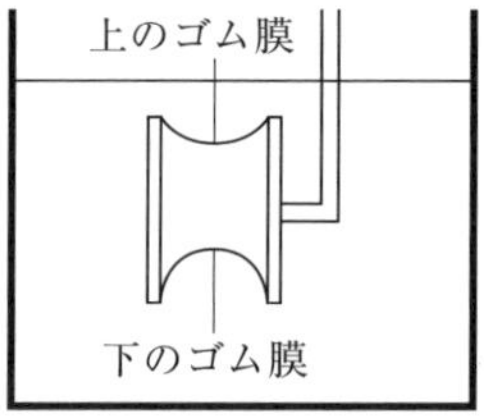

上のゴム膜　下のゴム膜

実験で，上下のゴム膜のへこみ方が**図2**のようになったのはなぜか。その理由を簡潔に書きなさい。〈千葉県〉

ミスの傾向と対策　水圧についてふれていなかったり，水圧にふれていても水の深さにふれていなかったりしたものと考えられる。「水圧によってゴム膜がへこむ」→「上下のゴム膜のへこみ方が違うのは水圧の大きさが違うから」→「水圧の大きさは水の深さによって変わる」と順を追って考えていく。

解き方　下のゴム膜のへこみ方が上のゴム膜のへこみ方よりも大きいのは，下のゴム膜にはたらく水圧のほうが上のゴム膜にはたらく水圧よりも大きいからである。

解答　**(例) 水圧は水の深さが深いほど大きいから。**

入試必出！ 要点まとめ

■水圧

- 水にはたらく重力による圧力。
- その地点よりも上にある水にはたらく重力によって生じる。
- 水圧は物体の面に垂直にはたらく。
- 水圧の大きさは，水の深さが深くなるほど大きくなる。
- 水の深さが同じであれば，あらゆる向きから同じ大きさの水圧がはたらく。

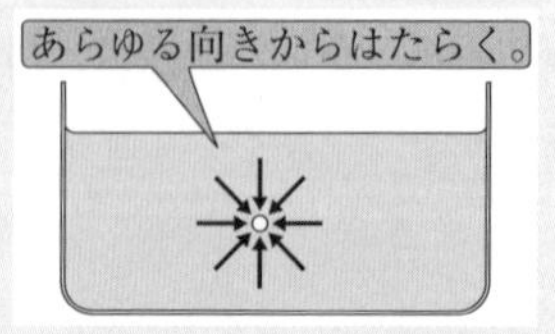

■浮力

- 水中の物体にはたらく上向きの力。
- **浮力**…水中にある物体の下面にはたらく水圧のほうが上面にはたらく水圧よりも大きいために生じる上向きの力。

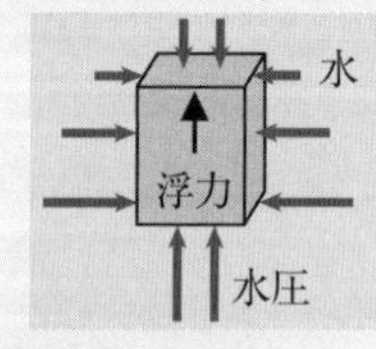

- 浮力の大きさは水の深さと無関係である。
- 浮力の大きさは，物体にはたらく重力の大きさ〔N〕－水中でのばねばかりの値〔N〕
- 浮かんでいる物体が受ける浮力の大きさは，その物体にはたらく重力の大きさに等しい。
- 水中にある部分の体積が増加するほど，浮力は大きくなる。

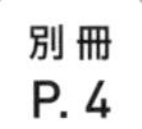

1 36%

Kさんは海に浮いている同型の船A，Bを見つけた。BはAよりも荷物をたくさん積んでおり，右の図のようにAよりいくらか沈んでいた。荷物の分も含めたAにはたらく重力の大きさをW_A，Bにはたらく重力の大きさをW_B，Aにはたらく浮力の大きさをF_A，Bにはたらく浮力の大きさをF_Bとして，それらの大小関係について正しく表しているものはどれか。

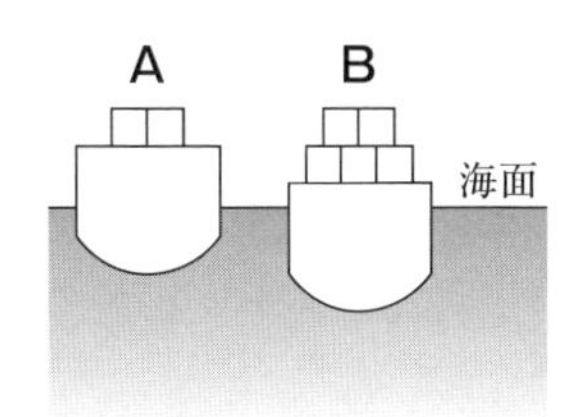

ア　$W_A < W_B$，$F_A = F_B$

イ　$W_A < F_A$，$W_B < F_B$

ウ　$W_A < F_A < W_B < F_B$

エ　$W_A = F_A < W_B = F_B$

〈鹿児島県〉

2

【実験】右の図のように，ばねと動滑車および糸を用いて，質量160gの円柱状のおもりをつるした。次に，ばねが振動しないように，水を入れたビーカーを下からゆっくりと持ち上げると，おもりは傾くことなく，徐々に水に沈んだ。なお，図のxは，水面からおもりの底面までの距離を表している。また，グラフ1は，ばねののびとばねにはたらく力の大きさの関係を示している。

【結果】ばねののびとxの関係は，グラフ2のようになった。

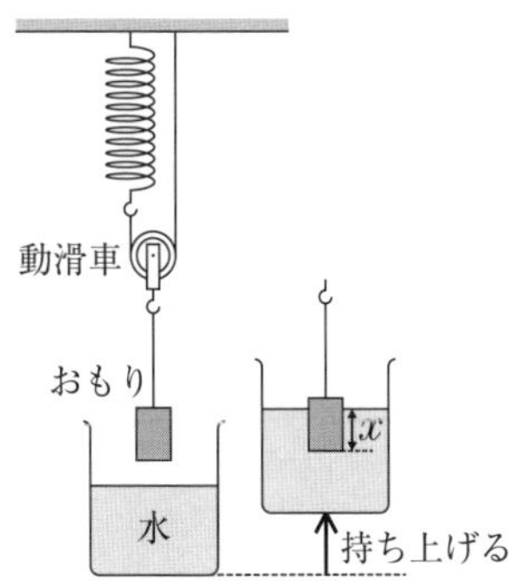

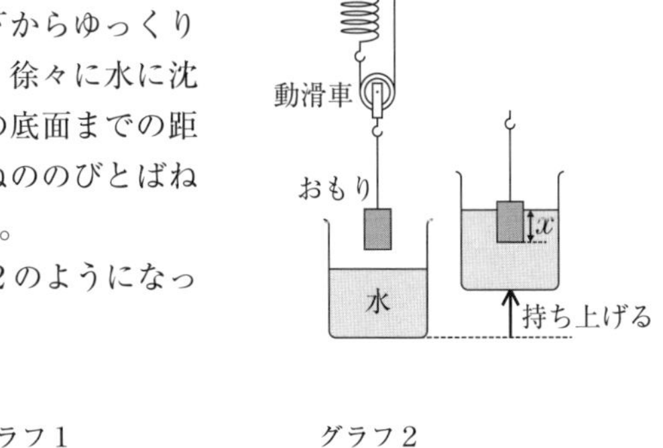

42%

(1) 次の文は，実験の結果からわかることをまとめたものである。①，②に当てはまるものは何か。下の**ア**～**エ**の中からそれぞれ1つずつ選びなさい。

おもりにはたらく浮力の大きさは，xが4cm以下では［①］が，xが4cm以上になると［②］。

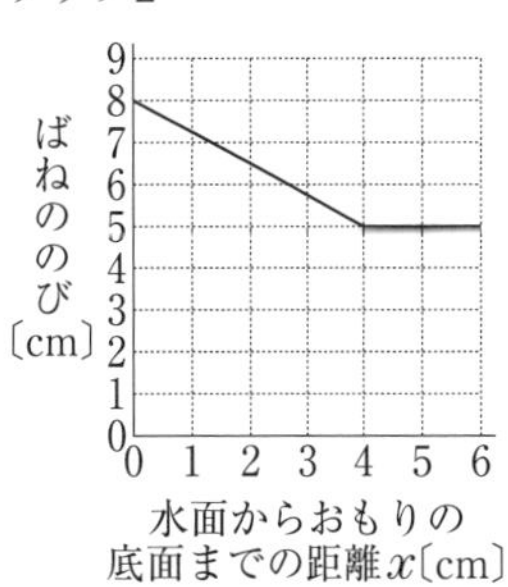

ア　xに比例する

イ　xに反比例する

ウ　xに関係なく一定である

エ　0である

差がつく!! 4%

(2) 実験で，おもりの半分が水に沈んでいるとき，おもりにはたらく浮力の大きさはいくらか。求めなさい。ただし，100gの物体にはたらく重力の大きさを1Nとする。

〈福島県〉

物 理

力と運動

例題

正答率 37%

水平面の上に板で斜面をつくり，質量1kgの台車をのせて，実験を行った。

【実験】**図1**のように，斜面の角度を15°にして台車を静かにはなし，$\frac{1}{50}$秒ごとに点を打つ記録タイマーで台車の運動を調べた。

図1

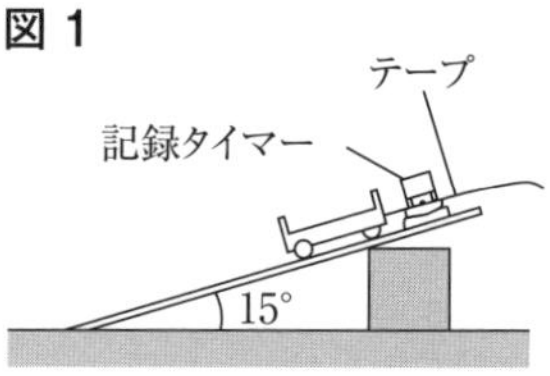

テープ
記録タイマー
15°

図2は，実験で得られたテープに定規を当てたようすを表している。基準点からはじめの0.1秒間の平均の速さは何cm/sか，求めなさい。ただし，まさつや空気抵抗は考えないものとする。

図2

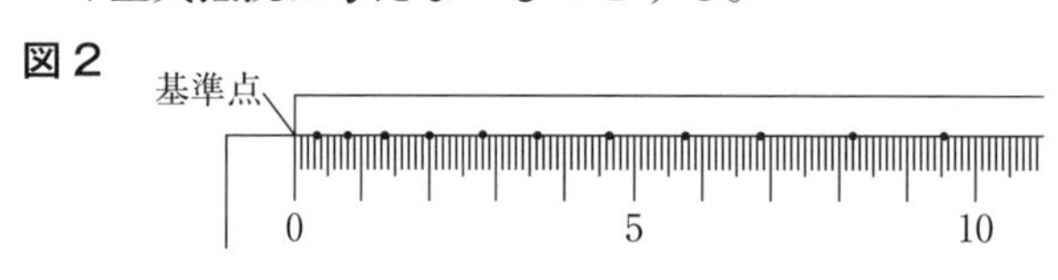

〈青森県〉

ミスの傾向と対策　正答率が低かった理由としては，**図2**から移動距離を正しく読みとれなかったことが考えられる。1打点するのにかかった時間は$\frac{1}{50}$秒なのだから，0.1秒間の移動距離は基準点から5打点目までの距離である。平均の速さを求める問題は入試によく出るので，必ず解けるようにしておきたい。

解き方　$\frac{1}{50}$秒ごとに打点する記録タイマーを用いているので，0.1秒後の打点は，基準点から数えて5打点目である。**図2**より，基準点から5打点目までの距離は2.8cmなので，

$$\frac{2.8\text{cm}}{0.1\text{s}} = 28\text{cm/s}$$

解答　28cm/s

入試必出！ 要点まとめ

■ 力の合成と分解

● 方向の違う2力の合力は，2力を2辺とする平行四辺形の対角線。

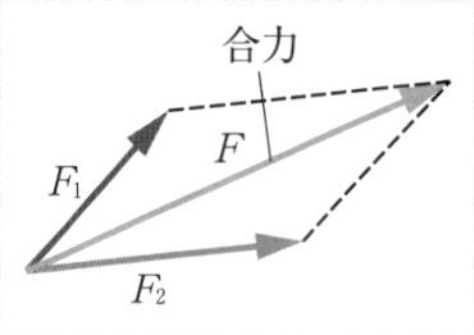

合力
F_1
F
F_2

● 分解する力を対角線とする平行四辺形の2辺が分力。

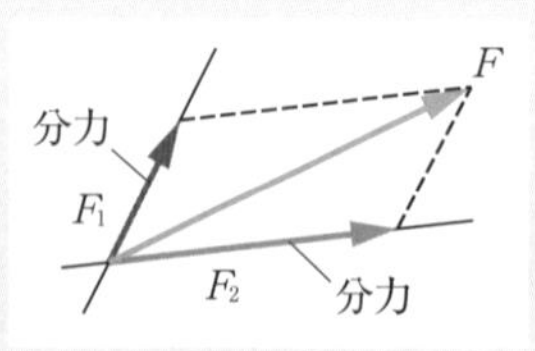

■ 物体の平均の速さ

● 速さ〔m/s〕$= \frac{\text{移動距離〔m〕}}{\text{移動にかかった時間〔s〕}}$

■ 等速直線運動

● 物体が一定の速さで一直線上を進む運動。

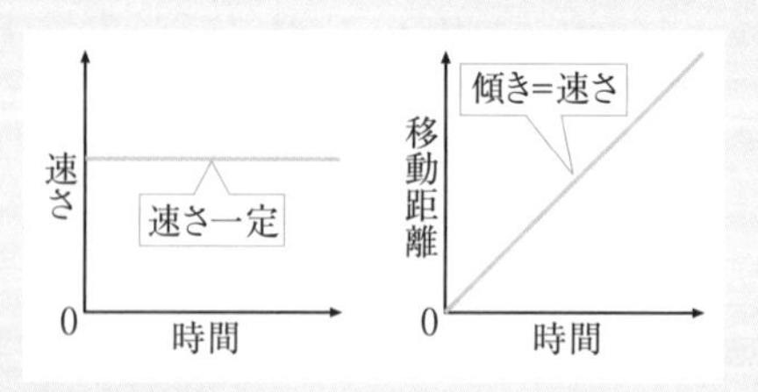

■ 慣性の法則

● 物体に力がはたらかないか，はたらいていてもその力がつり合っているとき，運動している物体は等速直線運動を続け，静止している物体は静止し続けようとする。

1 37%

右の図は，斜面上に静止している力学台車にはたらく重力を矢印で表したものである。ばねばかりにつなげた糸が力学台車を引く力を，点**P**から始まる矢印で右の図に表しなさい。なお，糸の質量やのび縮み，まさつや空気の抵抗は考えないものとする。

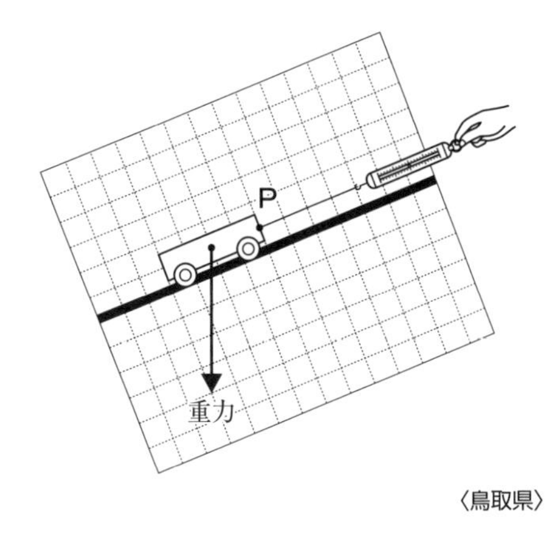

〈鳥取県〉

2

小球と実験装置の間には，まさつ力ははたらかないものとする。

【実験１】**図１**のように，斜面上の**P**点で，小球を静かにはなしたところ，小球は斜面をすべり落ち，水平面上の**B**点，**C**点，**D**点を通り，さらに斜面を上がって，水平面上の**E**点，**F**点を通る運動をした。この小球の運動を，0.1秒間隔で発光するストロボスコープを用いて写真に記録した。**図１**の各小球は，写真に記録された小球を模式的に示したものであり，水平面上にある小球の上に示した数値は，小球の位置を示すものさしの目もりを読みとったものである。

図１

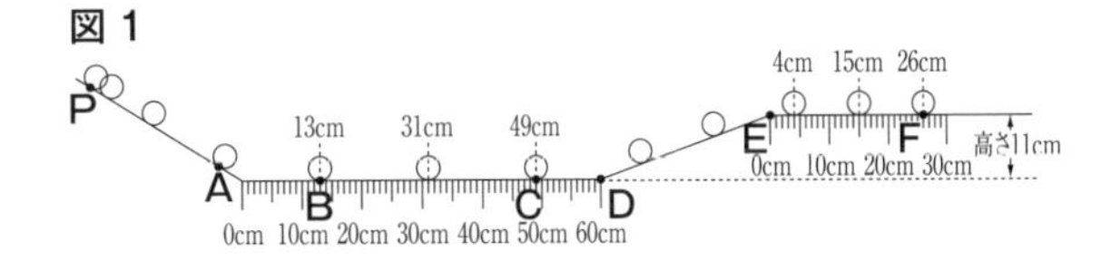

【実験２】**図２**のように，実験１に用いた装置の斜面上に**G**点を置き，**E**点との間を水平面でつないだところ，**G**点と**E**点の間の距離は104cmであった。この装置の斜面上の**P**点で，小球を静かにはなしたところ，小球は斜面をすべり落ち，**G**点と**E**点との間をつなぐ水平面を通り，さらに**F**点を通る運動をした。

図２

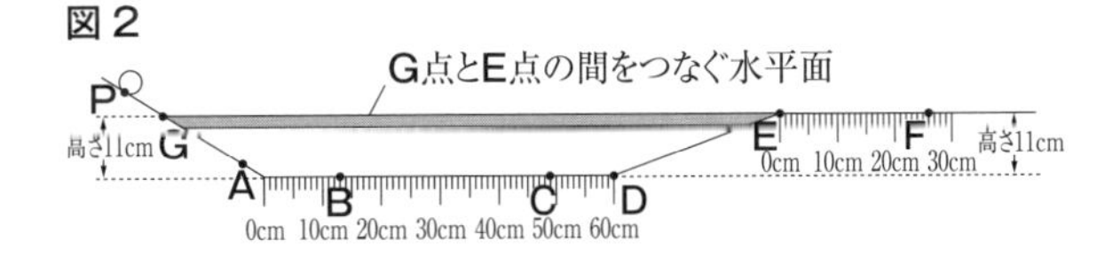

実験２について，次の問いに答えなさい。

差がつく!! 17%

(1) 小球が**E**点から**F**点まで移動するとき，小球の平均の速さは何cm/sか，求めなさい。

差がつく!! 12%

(2) 小球が**G**点から**F**点まで移動するのに，かかった時間は何秒か，小数第２位を四捨五入して求めなさい。

〈新潟県〉

物理

力学的エネルギーの保存

例題

正答率

38%

右の図のように，ふりこのおもりを位置Aまで移動し，おもりを静止させた。この状態で手をはなしたところ，おもりの高さが最も低くなる位置Bを通過し，位置Aと同じ高さの位置Cまで達した。

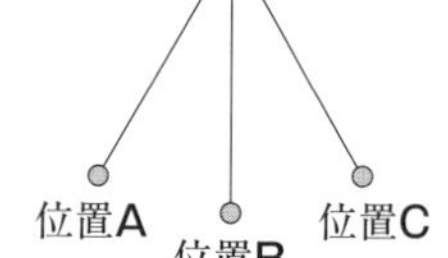

位置Aから位置Bまで移動する間に減少する，おもりがもつ位置エネルギーと等しいものを，①〜③からすべて選んで組み合わせたものとして適切なのは，ア〜エのうちどれか。ただし，位置Aから位置Cまで移動しているとき，おもりがもつ力学的エネルギーは一定に保たれている。

①位置Bでおもりがもつ運動エネルギー
②位置Cでおもりがもつ運動エネルギー
③位置Bから位置Cまで移動する間に増加する，おもりがもつ位置エネルギー

ア ①，②　**イ** ①，③　**ウ** ②　**エ** ③

〈東京都〉

ミスの傾向と対策

位置A，B，Cでおもりがもつ位置エネルギーと運動エネルギーを正しく整理できなかったと考えられる。位置Aでおもりがもつ位置エネルギーを1として，位置B，位置Cでおもりがもつ運動エネルギー，位置エネルギーを具体的に数値で表してみると，整理しやすい。

解き方

A→Bでは位置エネルギーはおもりの移動とともに運動エネルギーへと移り変わり，B→Cでは運動エネルギーが位置エネルギーに移り変わる。位置Aでおもりがもっていた位置エネルギーの大きさを1とすると，①は1，②は0，③は1と表されるので，①，③が正しい。

解答　イ

入試必出！ 要点まとめ

■位置エネルギー

- 高いところにある物体がもつエネルギー。
- 物体の質量が大きいほど大きい。
- 基準面からの物体の高さが高いほど大きい。

■運動エネルギー

- 運動している物体がもつエネルギー。
- 物体の質量が大きいほど大きい。
- 物体の速さがはやいほど大きい。

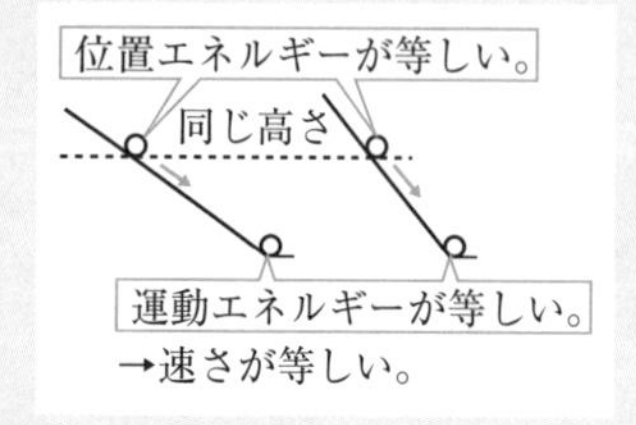

■力学的エネルギーの保存

- 力学的エネルギー
  ＝位置エネルギー＋運動エネルギー
- 力学的エネルギーは常に一定であるという法則を，力学的エネルギーの保存（力学的エネルギー保存の法則）という。
- まさつや空気の抵抗がない場合，位置エネルギーと運動エネルギーは互いに移り変わる。

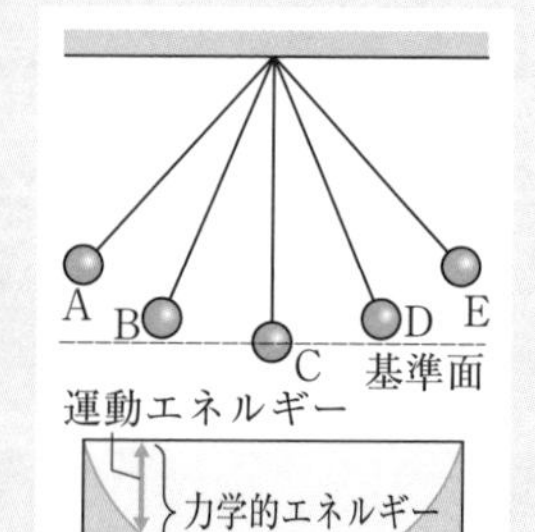

1

【実験】①図1のように，うすいレール上に木片を置き，レール上の点Pから小球をはなして木片に衝突させた。点Pの高さを5cmにして，質量50gの小球A，100gの小球B，150gの小球Cを衝突させたときの木片の移動距離をそれぞれ測定した。このとき，小球や木片はレールからはずれなかった。

②点Pの高さを10cm，15cm，20cm，25cmに変え，それぞれ①と同様の測定を行った。図2は，その結果から，点Pの高さと木片の移動距離との関係をグラフに表したものである。

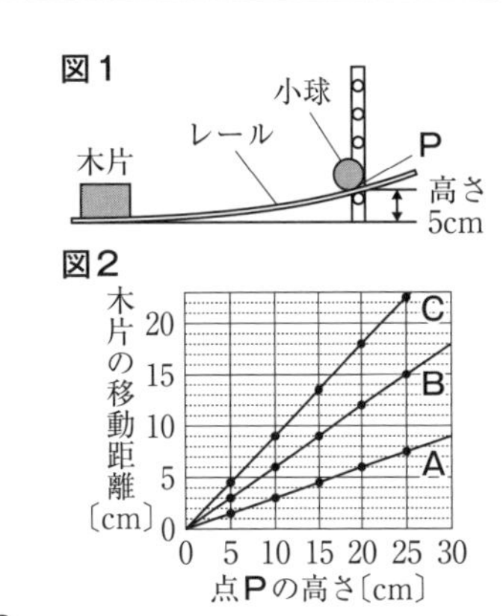

③木片をとり除き，図3のようにレールの端点Qを少し高くした。点Pの高さを25cmにして，そこから小球Aを静かにはなしたところ，レール上を動いて点Qから飛び出し，最高点Rを通過した。

図3

72%

(1) 点Pの高さを20cmとして，質量75gの小球を点Pからはなし，①と同様の測定をするとき，木片の移動距離として最も適切なものは次のうちどれか。

ア　3cm　　イ　9cm　　ウ　15cm　　エ　21cm

差がつく!! 25%

(2) 小球がもつ力学的エネルギーは保存されるが，点Qから飛び出したあと，到達する最高点Rの高さは点Pよりも低くなる。その理由として，最も適切なものは次のうちどれか。ただし，まさつや空気の抵抗は考えないものとする。

ア　小球は，点Rで運動エネルギーをもつから。
イ　小球は，点Rで位置エネルギーをもつから。
ウ　小球は，点Rで運動エネルギーをもたないから。
エ　小球は，点Rで位置エネルギーをもたないから。

〈栃木県〉

2

【実験】右の図は，ふりこの運動のようすを表したものである。図のaの位置からふりこのおもりを静かにはなすと，b，c，dを通り，おもりはaと同じ高さのeの位置まで上がった。ふりこが振れているとき，おもりがもつ力学的エネルギーは一定に保たれていた。

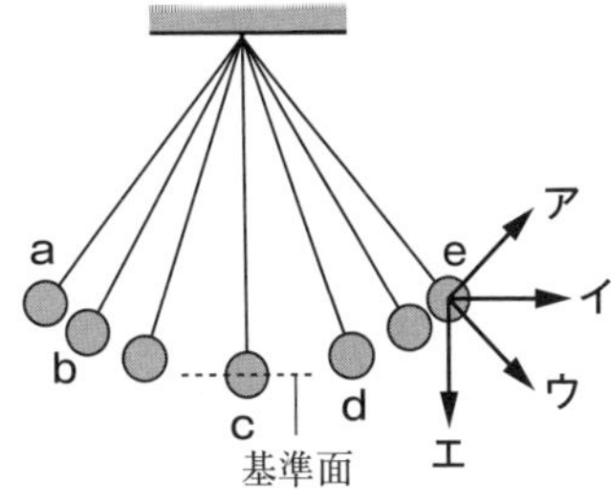

41%

(1) 実験で，おもりがもつ位置エネルギーが，おもりがもつ力学的エネルギーの$\frac{1}{5}$のときがあった。このとき，おもりがもつ運動エネルギーは，おもりがもつ位置エネルギーの何倍か。

(2) 図で，おもりがeにきたとき，おもりをつるしていた糸が切れると，おもりはどの向きに運動するか。図のア～エから最も適当なものを1つ選び，記号で答えなさい。

〈愛媛県〉

物理

仕事

例題

体重50kgのまさとさんは，１段の高さが0.2mの階段10段を25秒で上がった。この間のまさとさんの仕事率は，何Wか。ただし，１kgの物体にはたらく重力の大きさを10Nとする。〈高知県〉

正答率 差がつく!! 13%

ミスの傾向と対策

この場合の仕事は「重力の大きさ×高さ」で求めることに対する理解が十分でないため，仕事率を正しく求めることができないと考えられる。体重50kgは質量を表しているので，まさとさんにはたらく重力の大きさ「N」に変換してから計算することを忘れないように注意すること。

解き方　まさとさんの移動した高さは，0.2m×10＝2mで，まさとさんが加えた力の大きさは重力の大きさと等しいので，

$10\text{N}\times\frac{50\text{kg}}{1\text{kg}}=500\text{N}$

よって，仕事は，500N×2m＝1000J

この仕事を25秒で行ったので，仕事率は，

$\frac{1000\text{J}}{25\text{s}}=40\text{W}$

解答　40W

入試必出! 要点まとめ

■仕事

- 物体に力を加え，力の向きに物体を動かしたとき，その力は仕事をしたといえる。
- 仕事〔J〕＝物体に加えた力の大きさ〔N〕×力の向きに動いた距離〔m〕

例　下の場合，50N×3m＝150J

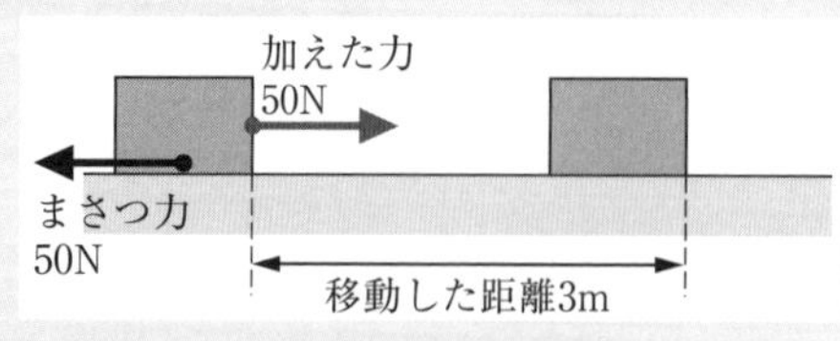

- 力を加えても物体が動かない場合や，力の向きと移動の向きが垂直の場合は，仕事は0。

■仕事率

- 仕事の能率の大小を表す。
- 仕事率〔W〕＝$\frac{\text{仕事〔J〕}}{\text{仕事にかかった時間〔s〕}}$

■仕事の原理

- 道具や斜面を使っても使わなくても，仕事の量は変わらない。
- 動滑車１個を使うと，加える力は半分になるが，ひもを引く距離は２倍になる。
- 斜面を使うと，加える力は小さくなるが，物体を動かす距離は大きくなる。

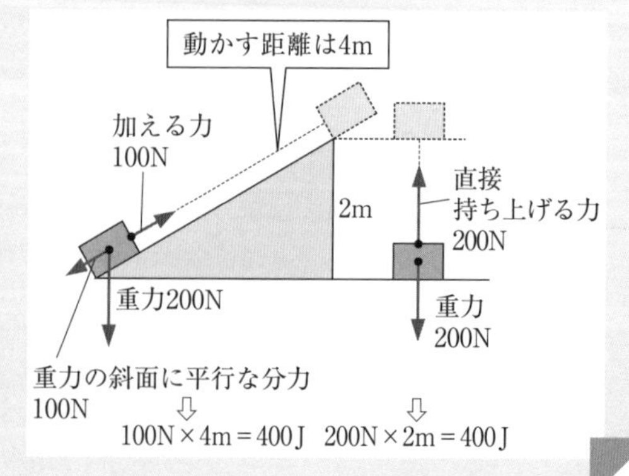

実力チェック問題

解答・解説 別冊 P. 6

1

記号 48%
差がつく!! 理由 15%

太郎さんは，手回し発電機を使ってエネルギーの移り変わりを調べ，学級で発表した。

【発表】

右の図のように，手回し発電機に豆電球をつなぎました。高さ1mに引き上げた1.0kgのおもりをはなすと，おもりは下降し，豆電球が光ります。
図と同じ豆電球を，2個直列につないだときと，2個並列につないだときで，同様の実験を行いました。それぞれの，豆電球1個の明るさとおもりが1m下降するのにかかった時間を，表にまとめました。

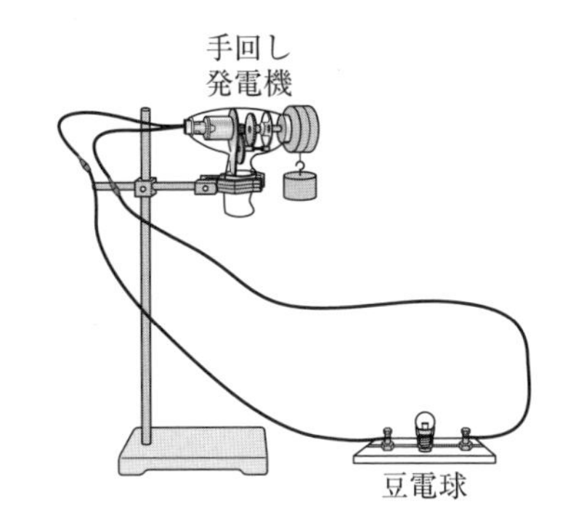

豆電球のつなぎ方	豆電球の明るさ	時間〔秒〕
豆電球1個をつないだとき	明るい	6.2
豆電球2個を直列につないだとき	明るい	3.9
豆電球2個を並列につないだとき	とても暗い	8.9

発表で，おもりが1m下降して手回し発電機にした仕事の，仕事率の大きさについて正しく説明しているのはどれか。次の**ア**から**エ**までの中から1つ選びなさい。また，そのように判断した理由を書きなさい。

ア 豆電球1個をつないだときが，最も大きい。
イ 豆電球2個を直列につないだときが，最も大きい。
ウ 豆電球2個を並列につないだときが，最も大きい。
エ どの豆電球のつなぎ方でも，同じ大きさである。

〈滋賀県〉

2

【実験】右の図のように，滑車を使い，質量500gの物体を，斜面に沿って，10秒間一定の速さで50cm引き上げた。このとき，物体はもとの位置より30cm高い位置にあった。

実験について，次の問いに答えなさい。ただし，質量100gの物体にはたらく重力を1Nとし，ひもと滑車の間および斜面と物体の間には，まさつ力がはたらかないものとする。また，ひもの質量は無視できるものとする。

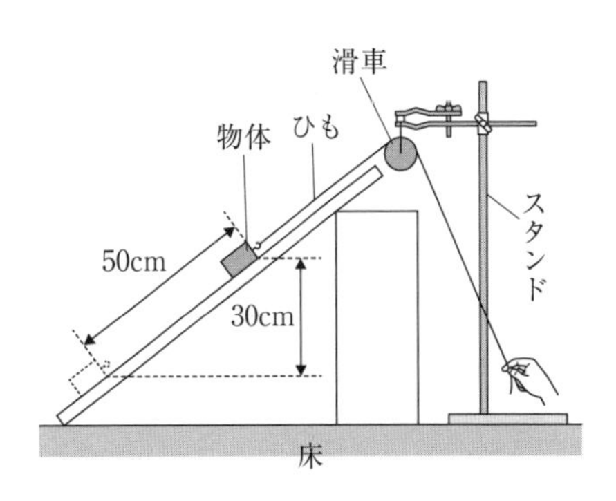

差がつく!! 21%
(1) 物体を引き上げる力がした仕事は何Jか，求めなさい。

差がつく!! 17%
(2) 物体を引き上げるのに必要な力は何Nか，求めなさい。

〈新潟県・改〉

実験器具の使い方，身のまわりの物質とその性質

例題

正答率 47%

図1のようにして，物体**X**の体積を測定した。物体**X**を入れる前に水の体積を測定すると，$67.0cm^3$であった。**図2**は，**図1**の一部を拡大したものである。

図1

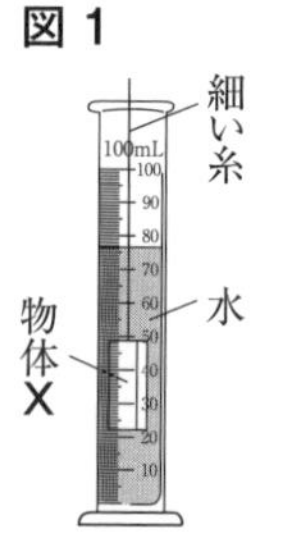

図2

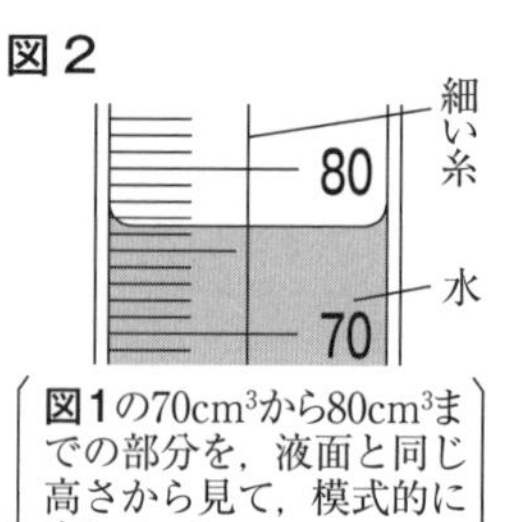

図1の$70cm^3$から$80cm^3$までの部分を，液面と同じ高さから見て，模式的に表している。

物体**X**の体積は何cm^3か。次の**ア**～**エ**のうち，物体**X**の体積として最も適当なものを1つ選び，記号で答えなさい。

ア $9.5cm^3$　**イ** $10.5cm^3$　**ウ** $76.5cm^3$　**エ** $77.5cm^3$

〈愛媛県〉

ミスの傾向と対策　図2のメスシリンダーの目もり$76.5cm^3$をそのまま解答してしまったり，**エ**の選択肢に影響されて目もりを$77.5cm^3$と読んでしまったと考えられる。何を問われているのかをしっかりおさえ，数値を正しく読みとって解答するように心がけよう。

解き方　**図2**で，液面の下側を目もりの$\frac{1}{10}$まで目分量で読みとると$76.5cm^3$である。これは，水の体積と物体**X**の体積を合わせたものなので，はじめに入っていた水の体積$67.0cm^3$を引かなければならない。よって，$76.5cm^3 - 67.0cm^3 = 9.5cm^3$

解答　ア

要点まとめ

■ メスシリンダーの使い方
- 液面の最も低い位置を真横から水平に見て目もりの$\frac{1}{10}$まで目分量で読みとる。

■ ろ過のしかた
- ろうとのあしのとがったほうをビーカーの壁につけ，液体をガラス棒につたわらせながら注ぐ。

■ こまごめピペットの使い方
- ゴム球を親指と人さし指でおしてから，ピペットを液体に入れ，液体を吸い込む。
- ピペットの先を上に向けないように注意する。

■ 密度
- 物質$1cm^3$当たりの質量。
- 物質によって密度は決まっている。
- 物質の密度〔g/cm^3〕$= \frac{物質の質量〔g〕}{物質の体積〔cm^3〕}$
- **いろいろな物質の密度**

物質	密度
氷（0℃）	$0.917g/cm^3$
水（4℃）	$1.00g/cm^3$
水蒸気（100℃）	$0.00060g/cm^3$
アルミニウム	$2.70g/cm^3$
鉄	$7.87g/cm^3$
銅	$8.96g/cm^3$

温度を示したもの以外は室温約20℃のときの値

実力チェック問題

解答・解説 別冊 P. 7

1 50%

右の図の**A**に入る最も適切な図はどれか。**ア**～**エ**から１つ選び，記号で答えなさい。

ア
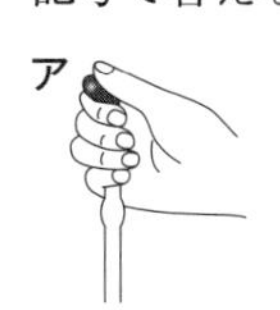
イ
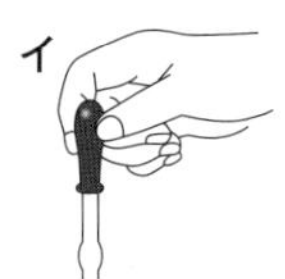
ウ
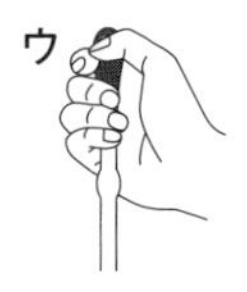
エ
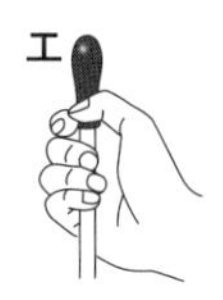

〈宮崎県〉

2

球形の物体**A**～**C**をつくる金属は，アルミニウム，鉄，銅のいずれかである。**A**～**C**がどの金属でできているかを調べるために，質量と体積を測定した。**表１**は質量を電子てんびんで測定した結果であり，**表２**は３種類の金属の密度と融点，沸点を示したものである。

表１

物体	質量〔g〕
A	44.8
B	13.5
C	39.4

49% (1) 球形の物体の体積をメスシリンダーを使って測定するにはどうすればよいか，書きなさい。

35% (2) **A**～**C**は，すべて同じ体積であった。**A**～**C**をつくる金属について正しく述べているものは次のどれか，２つ選び，記号で答えなさい。

ア　**A**はアルミニウム，**B**は銅である。
イ　**C**の金属は，1100℃では液体である。
ウ　**B**の金属は，2700℃では気体である。
エ　**A**と**C**の金属を同じ質量で比べたとき，体積は**C**の金属のほうが大きい。

表２

金属	密度	融点〔℃〕	沸点〔℃〕
Al	2.70	660	2519
Fe	7.87	1538	2862
Cu	8.96	1085	2562

密度は，20℃のときの1 cm³当たりの質量〔g〕で表している。
（「理科年表」 令和４年から作成）

〈秋田県〉

3 36%

【実験】液体**A**～**C**をそれぞれ10cm³ずつとり，質量をはかった。次に，**A**～**C**の入っている試験管の中に，２種類のプラスチックの小片**D**，**E**をそれぞれ１つずつ入れた。表は，これらの結果を示したものである。

液体	液体10cm³の質量〔g〕	プラスチックのようす
A	7.9	D，Eともに沈む
B	10.0	D，Eともに浮く
C	9.2	Dは浮くが，Eは沈む

実験の結果をもとに，**A**～**E**を密度の大きい順に並べて記号を書きなさい。

〈秋田県〉

水溶液の性質

例題

正答率 (1) 41% 差がつく!! (2) 23%

【実験】ビーカーに入れたお湯100gに，硝酸カリウム100gをとかして70℃の水溶液をつくった。①水溶液を冷却していくと，ある温度から硝酸カリウムの固体ができるのが観察された。別のビーカーに入れたお湯100gに，塩化ナトリウムをとかして70℃の飽和水溶液をつくった。②この飽和水溶液を20℃まで冷却したが，固体ができるようすはほとんど観察できなかった。グラフは，100gの水にとける物質の質量と水の温度の関係を示す。

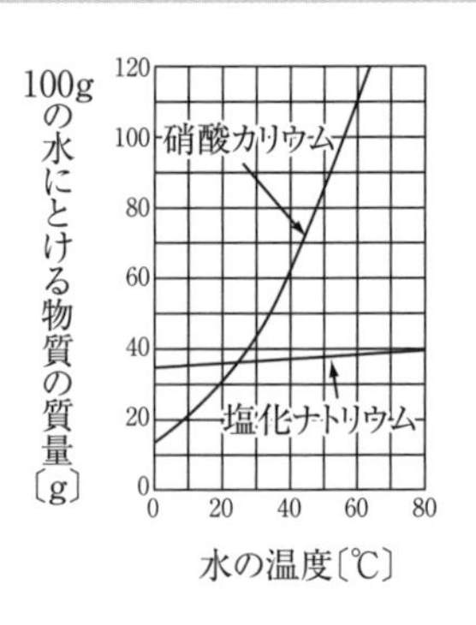

(1) 下線部①について，固体ができ始める水溶液の温度として最も適当なものは，次のどれか。**ア〜エ**から1つ選び，記号で答えなさい。

ア 23℃　**イ** 43℃　**ウ** 56℃　**エ** 64℃

(2) 下線部②の理由を，「溶解度」と「水の温度」という2つの語句を用いて説明しなさい。

〈長崎県〉

ミスの傾向と対策

(1)は，固体ができ始めるのはどういうときかを理解できていなかったためにミスをしたと考えられる。固体ができ始めるのは，水溶液に含まれている溶質の質量が，その温度での溶解度よりも大きくなったときであることをおさえておこう。**(2)**は，「溶解度」「水の温度」という指定された語句がヒントであることに気づけば，文章を組み立てやすくなる。

解き方

(1)　硝酸カリウムの溶解度が100g以下になる水の温度をグラフから読みとる。

(2)　70℃での塩化ナトリウムの溶解度は約38g，20℃での溶解度は約36gと，水の温度によってほとんど変化しないため，水の温度を下げても，固体はほとんどできない。

解答

(1) ウ

(2) (例) 塩化ナトリウムの溶解度は水の温度によってあまり変わらないから。

入試必出！ 要点まとめ

■ 質量パーセント濃度

● 質量パーセント濃度〔%〕$= \frac{溶質の質量〔g〕}{溶液の質量〔g〕} \times 100$

■ 溶解度

● ある温度で，100gの水にとかすことのできる物質の限度の質量。

● 水の温度によって変化する。

■ 再結晶

● 一度水にとかした固体を，溶解度の差を利用するなどして再び結晶としてとり出すこと。

● 温度による溶解度の変化が大きい物質ほどとり出しやすい。

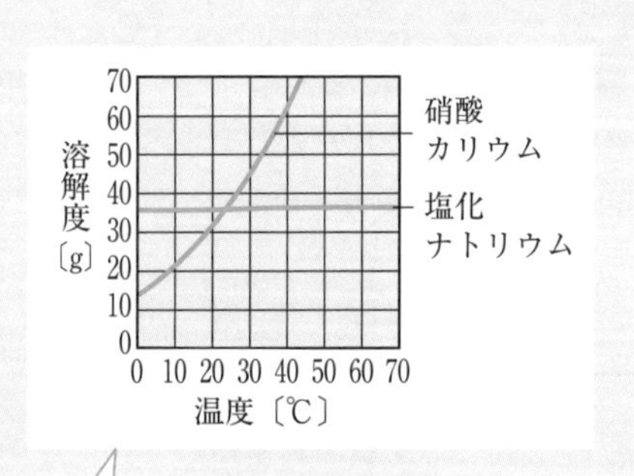

硝酸カリウム　→溶解度の差を利用してとり出しやすい。
塩化ナトリウム→溶解度の差を利用してとり出しにくい。

1

下の表は，水100gにとける硝酸カリウムの質量を表したものである。

水の温度〔℃〕	20	40	60	80
硝酸カリウム〔g〕	31.6	63.9	109.2	168.8

【実験】①80℃の水50gが入ったビーカーを用意した。
②①の水を80℃に保ったまま，硝酸カリウムを入れてかき混ぜ，とけ残りがないように飽和水溶液をつくった。
③できた飽和水溶液を20℃まで冷やし，右の図のようにろ過して，硝酸カリウムの固体をとり出した。

44%　(1) ②の飽和水溶液の質量パーセント濃度として，最も適切なものはどれか。
　ア　約46%　　イ　約63%　　ウ　約77%　　エ　100%

28%　(2) ③で，硝酸カリウムの固体は何gとり出すことができると考えられるか。　〈宮崎県〉

2

詩織さんは，塩化ナトリウム，硝酸カリウムのいずれかである**A**，**B** 2種類の物質を区別するために，次の実験を行った。

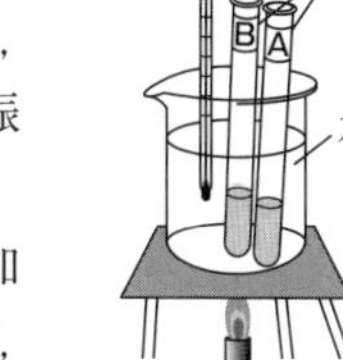

【実験】①**A**，**B**のラベルをはった2本の試験管に水を5cm³ずつとり，試験管**A**に物質**A**を，試験管**B**に物質**B**を3gずつ入れて，よく振り混ぜた。
②①の試験管を，右の図のようにして，水を入れたビーカーの中で加熱し，ビーカー内の水をかき混ぜながら，温度を50℃まで上げて，とけるかどうか調べた。
③②で，とけ残りがある試験管があったので，その試験管は上澄み液を別の試験管に移し，移す前の試験管のラベルをはった。また，すべてとけてしまった試験管はそのままにした。
④③の上澄み液を移した試験管と，すべてとけてしまった試験管を水で冷やして，中のようすを観察し，**表1**を作成した。

表1

試験管	試験管の中のようす
A	白色の固体が出てきた。
B	変化がほとんど見られなかった。

詩織さんは，実験後，塩化ナトリウムと硝酸カリウムの溶解度（**表2**）をもとに，下のように考察した。

表2

物質名＼温度	0℃	20℃	40℃	60℃
塩化ナトリウム〔g〕	35.6	35.8	36.3	37.1
硝酸カリウム　〔g〕	13.3	31.6	63.9	109.2

【考察】物質**A**は，［ア］だったといえる。なぜなら物質**A**は，［イ］からだ。このような物質は，いったん水などの溶媒にとかし，温度を下げることで，再び結晶としてとり出すことができる。一方，物質**B**の場合は，いったん水などの溶媒にとかし，［ウ］ことで，再び結晶としてとり出すことができると考える。

(1) ［ア］に入る物質名を書きなさい。また，［イ］には適切な理由を簡潔に書きなさい。

36%　(2) ［ウ］には，物質**B**をとり出す方法が入る。その方法を，簡潔に書きなさい。　〈宮崎県〉

状態変化

例題

正答率 30%

右の図のような装置で，エタノールと水の混合物を弱火で加熱した。ガラス管から出てきた気体を冷やして液体にし，試験管A，B，Cの順に$2\,cm^3$ずつ集めた。これらの液体をそれぞれろ紙にしみ込ませて蒸発皿にとり，マッチの火を近づけた。試験管A，Bの液体は燃え，Cの液体は燃えなかった。

試験管A～Cの液体について正しいものを1つ選び，記号で答えなさい。

ア　A，Bの液体はエタノールで，Cの液体は水である。

イ　A，Bの液体はエタノールと水の混合物で，Cの液体は水である。

ウ　A～Cの液体はどれもエタノールと水の混合物で，含まれるエタノールの割合はCが最も小さい。

エ　A～Cの液体はどれもエタノールと水の混合物で，含まれるエタノールの割合は等しい。

〈青森県〉

ミスの傾向と対策　問題文中の「試験管A，Bの液体は燃え，Cの液体は燃えなかった」というところから，アを選んだミスが多かったと考えられる。水は，沸点より低い温度であっても少しずつ蒸発していることに気づければ，A～Cのいずれも水とエタノールの混合物であることがわかる。

解き方　図のような装置で，水とエタノールの混合物を加熱すると，沸点の低いエタノールを多く含んだ気体が先に集まり，その後，沸点の高い水を多く含んだ気体が集まる。よって，**ウ**が正しい。

解答　ウ

入試必出！ 要点まとめ

■ 物質の融点

● 純粋な物質（純物質）　● 混合物

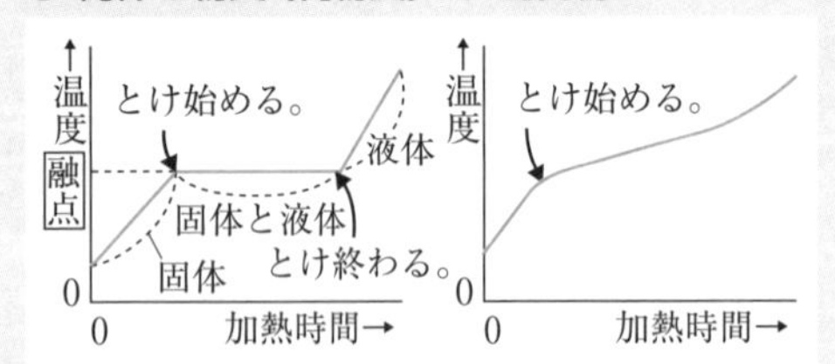

■ 物質の沸点

● 純粋な物質　● 混合物

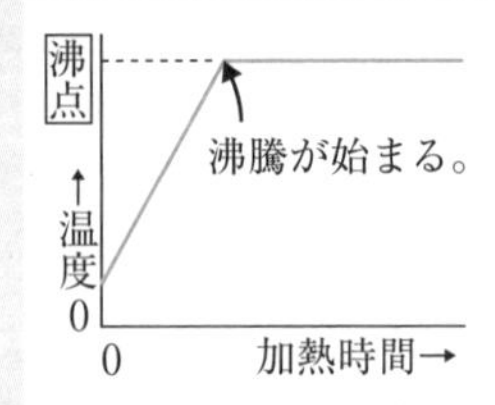

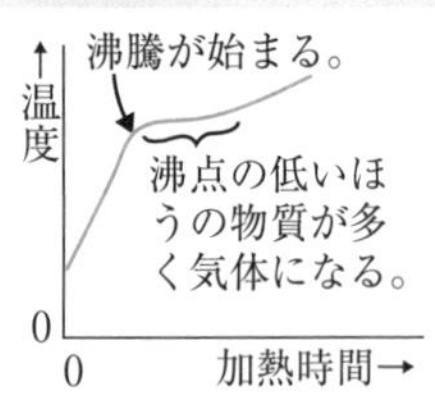

■ 状態変化

● 質量…変化しない。

● 体積…固体→液体→気体の順に大きくなる（水は例外で，固体→液体のとき小さくなる）。

■ 蒸留

● 沸点の違う混合物を沸騰させ，出てくる気体を冷やして再び液体としてとり出すこと。

実力チェック問題

解答・解説 別冊 P. 8

1

【実験】水，エタノール，水とエタノールの混合物をそれぞれ20cm³はかりとり，質量を測定したところ，水は20.0g，エタノールは15.8g，混合物は17.9gだった。
次に，**図1**のように，水とエタノールの混合物50cm³を丸底フラスコに入れ，おだやかに加熱しながら蒸気の温度を測定した。加熱を始めてしばらくすると，混合物は沸騰し始め，試験管**A**の中に液体がたまり始めた。その後，約5cm³たまるたびに試験管**A**，**B**，**C**，**D**，**E**の順に液体を集めたところ，5本すべての試験管に液体が集まったのは，加熱を始めて20分後であった。**図2**は，この実験における加熱時間と蒸気の温度の関係を表したものである。
丸底フラスコの中に残っていた液体が冷えてから20cm³はかりとり質量を測定したところ，**X**gであった。

図1

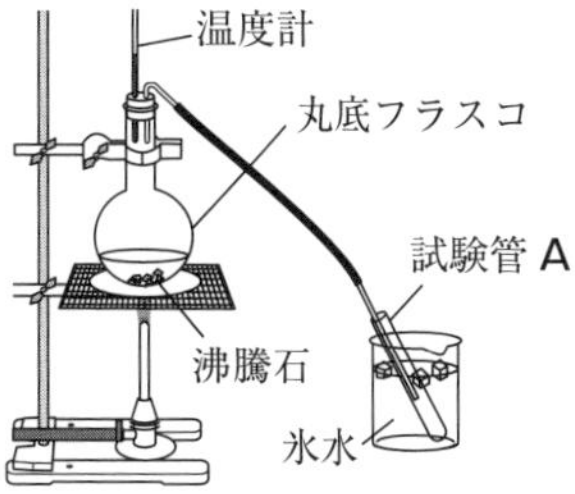

図2

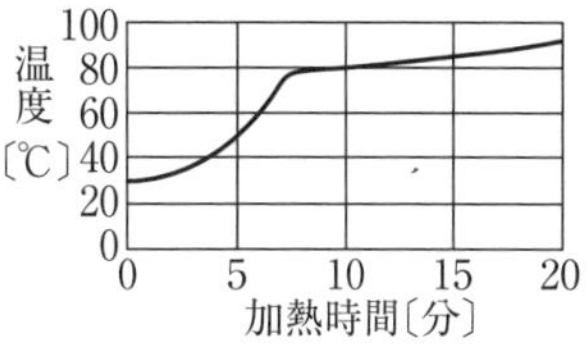

44% (1) 下線部の**X**の値を表すものとして正しいものを，**ア**～**エ**から選びなさい。
ア X＜15.8　**イ** 15.8＜X＜17.9　**ウ** X＝17.9　**エ** 17.9＜X＜20.0

45% (2) 試験管**A**～**E**に集めた液体を同じ体積ずつはかりとり，質量を測定したときの，それぞれの液体の質量を表したグラフとして，最も適当なものを，**ア**～**エ**から選びなさい。

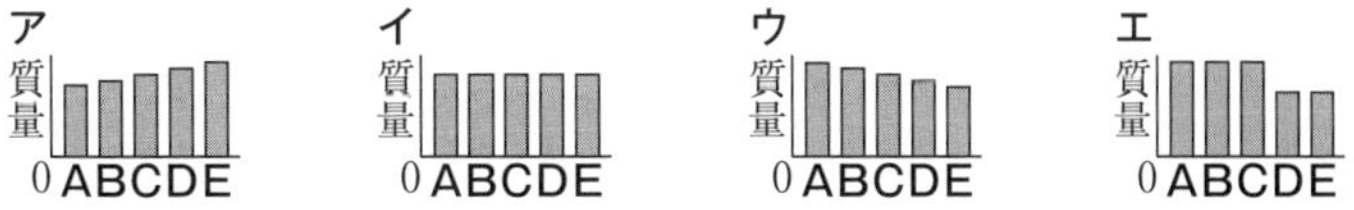

〈北海道〉

2

29%

【実験】①パルミチン酸の粉末を試験管にとり，脱脂綿でふたをして全体の質量を測定した。
②図のような装置を組み立てて加熱し，温度を2分ごとに測定した。
③パルミチン酸がすべて液体になったので，加熱をやめ，①と同様に全体の質量を測定した。
④液面の位置に細く切ったビニルテープをはり付けた。
⑤試験管を冷たい水につけて冷やしたところ，パルミチン酸はすべて固体になった。
⑥固体になったパルミチン酸の体積を，④のビニルテープの位置をもとに調べた。
⑦ビニルテープをはがして試験管の外側の水滴をふき，①と同様に全体の質量を測定した。

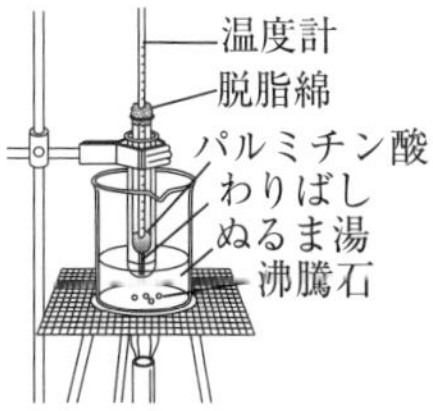

⑥のときの体積を④のときの体積と比べたものとして適切なものを**ア**～**ウ**から選びなさい。また，①，③，⑦で測定した質量を表したものとして適切なものを**A**～**D**から1つ選びなさい。

ア 体積は増加している。
イ 体積は減少している。　**ウ** 体積は変化していない。

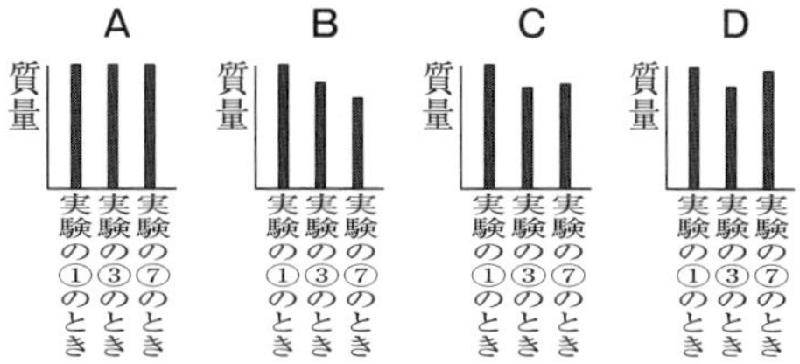

〈埼玉県〉

物質の分解

例題

正答率 35%

【実験】右の図のように接続した電気分解装置を使い，塩化銅水溶液を電気分解したところ，2つの電極AとBのうち，一方の電極には銅が付着し，もう一方の電極からは塩素が発生した。

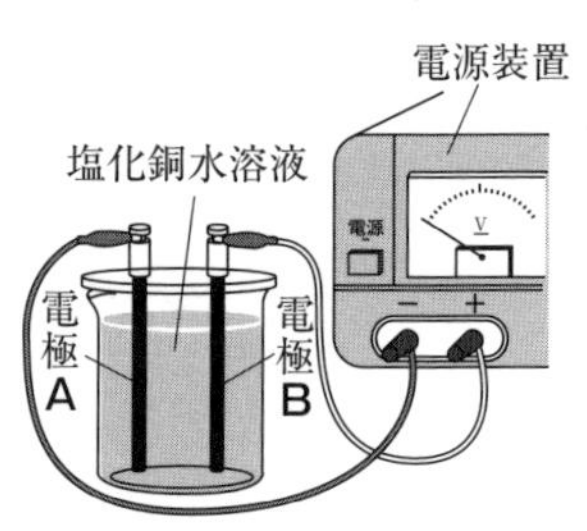

実験の電極の説明として正しいものは，次のどれか。

ア　電極Aは陽極であり，塩素が発生する。
イ　電極Aは陰極であり，銅が付着する。
ウ　電極Bは陽極であり，銅が付着する。
エ　電極Bは陰極であり，塩素が発生する。

〈長崎県〉

ミスの傾向と対策

塩化銅水溶液を電気分解すると，塩素と銅ができることはわかっていたが，それらがどちらの極にできるかまでは覚えていなかったと考えられる。化学の実験では，「何ができるのか」だけを覚えるのではなく，「どこに何ができるのか」までふみ込んで結果を理解しておこう。

解き方　図中の電源装置につながっている導線から考えて，電極Aは陰極，電極Bは陽極である。塩化銅水溶液を電気分解すると，陰極には銅が付着し，陽極からは塩素が発生するので，**イ**が正しい。

解答　イ

入試必出！要点まとめ

■ 分解

● 1種類の物質から2種類以上の物質ができる化学変化。

例炭酸水素ナトリウム
　→炭酸ナトリウム＋二酸化炭素＋水

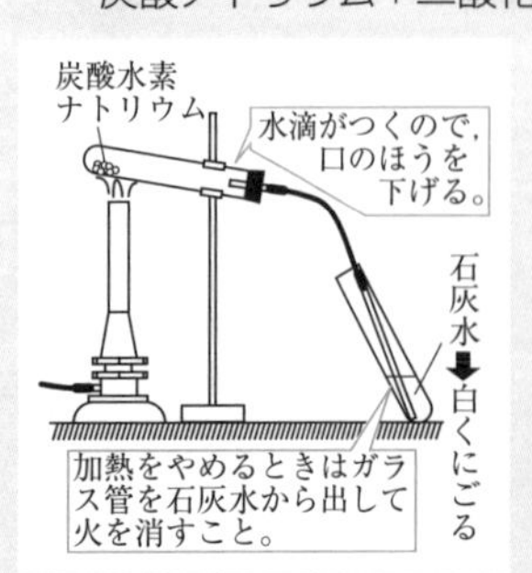

例水→水素＋酸素

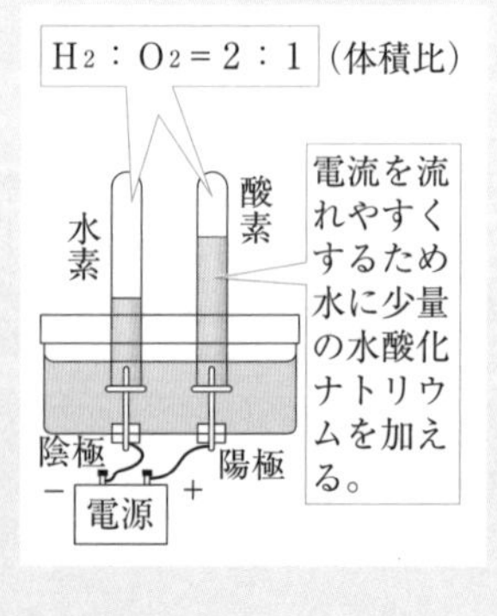

例塩化銅→銅＋塩素

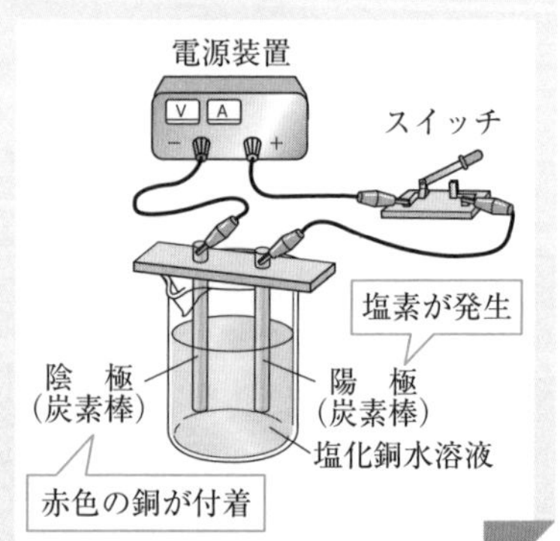

実力チェック問題

解答・解説 別冊 P. 8

1

32%

物質を加熱したときの変化について調べるため，次の実験を行った。

【実験】右の図のように炭酸水素ナトリウムを入れた試験管を加熱し，発生した気体を水上置換法で２本の試験管に集め，それぞれの試験管にゴム栓をした。気体が発生しなくなったあと，ガラス管を水槽からとり出し，加熱をやめた。このとき，加熱した試験管の中には白い物質が残っており，試験管の口には液体がついていた。また，気体を集めた２本目の試験管に石灰水を入れて振ったところ，石灰水は白くにごった。

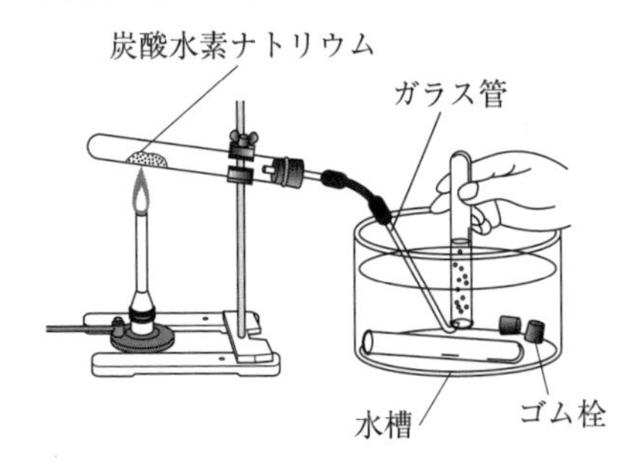

試験管に集めた気体が，炭酸水素ナトリウムが分かれる化学変化によって発生したものであるとすると，この気体から，炭酸水素ナトリウムをつくっている原子のうち，２種類の原子が推定できる。この２種類の原子を，元素記号でそれぞれ書きなさい。

〈北海道〉

2

水の電気分解について調べるために，２本の炭素棒を電極とする装置を用いて，次のⅠ～Ⅲの手順で実験を行った。

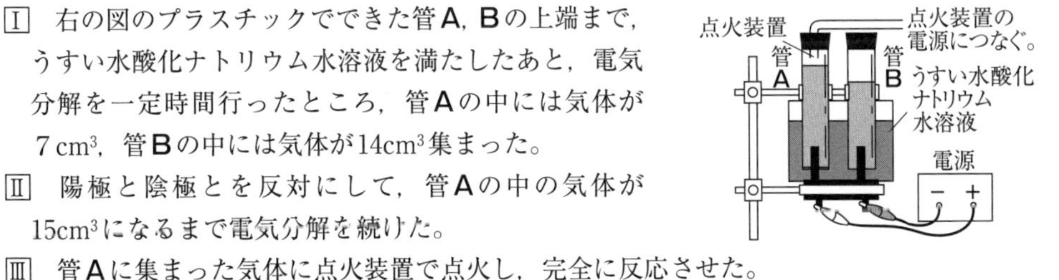

Ⅰ　右の図のプラスチックでできた管A，Bの上端まで，うすい水酸化ナトリウム水溶液を満たしたあと，電気分解を一定時間行ったところ，管Aの中には気体が７cm³，管Bの中には気体が14cm³集まった。

Ⅱ　陽極と陰極とを反対にして，管Aの中の気体が15cm³になるまで電気分解を続けた。

Ⅲ　管Aに集まった気体に点火装置で点火し，完全に反応させた。

(1)A 50%　(1)B 44%

(1) Ⅰについて，管A，Bに集まった気体は，それぞれ何か，その化学式を書きなさい。

(2) 32%

(2) Ⅱについて，管Bに集まった気体の体積として，最も適当なものを，次のア～エから１つ選び，記号で答えなさい。

ア　16cm³　　イ　18cm³　　ウ　22cm³　　エ　30cm³

(3) Ⅲについて，反応後の管Aに残った気体の体積は何cm³か，求めなさい。

〈新潟県〉

化学

酸化と還元

例題

黒い粉末である２種類の金属の酸化物から，金属を単体としてとり出す代表的な方法をまとめた。

> 1 酸化銅の粉末と炭素の粉末をよく混ぜ合わせて十分に加熱する。
> 2 酸化鉄の粉末と炭素の粉末をよく混ぜ合わせて空気を送り，1より高い温度で十分に加熱する。

(1) 1，2では炭素の粉末を用いている。このとき，炭素の粉末はどのようなはたらきをしているか，述べなさい。

(2) 1で，炭素の粉末を混ぜる代わりに，水素を送りながら加熱しても酸化銅から銅を単体としてとり出すことができる。水素を送りながら加熱したときの化学変化を，化学反応式で表しなさい。

〈宮城県〉

(1) 1，2の方法が還元の反応であることがわからなかったと考えられる。問題文の「金属の酸化物から，金属を単体としてとり出す」という部分がヒントになっていることに注目。

(2) 起こる反応はわかっていたが，化学反応式を正しく書けなかったと考えられる。まずは言葉で式をつくり，それを化学式に置き換えるとよい。

解き方

(1) 1，2はともに還元である。炭素は，金属の酸化物から酸素をうばい，二酸化炭素になる。

(2) 言葉で式を書く…酸化銅＋水素 ⟶ 銅＋水

化学式に置き換える…$CuO + H_2 \longrightarrow Cu + H_2O$

解答

(1)（例）金属の酸化物から酸素をうばうはたらき。

(2) $CuO + H_2 \longrightarrow Cu + H_2O$

入試必出！ 要点まとめ

■ 酸化

- 物質と酸素が結びつく化学変化。
  例 銅＋酸素 ⟶ 酸化銅（$2Cu + O_2 \longrightarrow 2CuO$）
- 金属のさびは，おだやかな酸化の例。

■ 燃焼

- 酸化のうち，特に光と熱を出しながら激しく酸素と結びつく化学変化。
  例 水素＋酸素 ⟶ 水（$2H_2 + O_2 \longrightarrow 2H_2O$）
  マグネシウム＋酸素 ⟶ 酸化マグネシウム
  （$2Mg + O_2 \longrightarrow 2MgO$）

■ 還元

- 酸化物から酸素がうばわれる反応。
- 炭素や水素は酸素をうばう力が強い。
- 還元と酸化は同時に起こる。

例

酸化銅の炭素による還元

酸化銅＋炭素→銅＋二酸化炭素（酸化銅→銅：還元，炭素→二酸化炭素：酸化）

酸化銅の水素による還元

酸化銅＋水素→銅＋水（酸化銅→銅：還元，水素→水：酸化）

実力チェック問題

解答・解説 別冊 P. 8

1

【実験1】①実験前のステンレス皿の質量を電子てんびんではかった。

②銅の粉末0.8gを電子てんびんではかりとり，ステンレス皿に入れて全体にうすく広げた。

③**図1**のように加熱したところ，銅の粉末の表面は黒く変色した。

図1

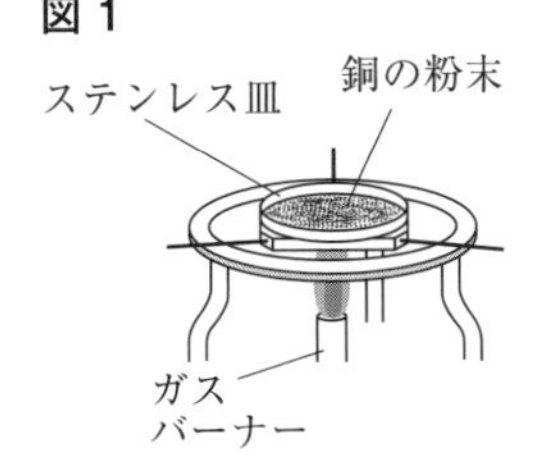

図2

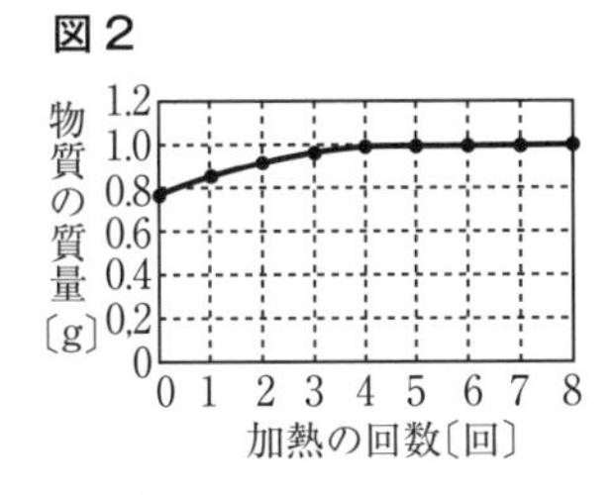

④加熱したステンレス皿をよく冷ましてから，ステンレス皿全体の質量を電子てんびんではかり，実験前のステンレス皿の質量をひいて，物質の質量を求めた。

⑤ステンレス皿の中の物質をよくかき混ぜてから再び加熱した。

⑥④，⑤の操作を繰り返して質量の変化を調べた。

⑦加熱の回数と物質の質量の関係をグラフに表したところ，**図2**のようになった。

【実験2】①実験1でできた黒色の物質すべてと炭素の粉末0.1gとをよく混ぜ合わせた。

②①の混合物を試験管**A**に入れ，**図3**のように加熱したところ気体が発生し，試験管**B**の石灰水が白くにごった。

図3

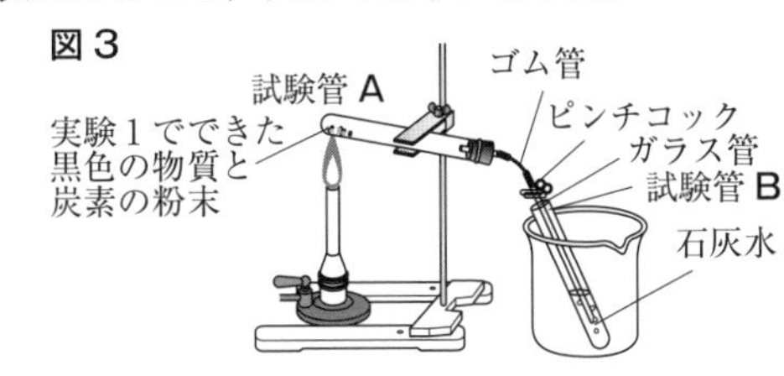

③気体の発生が止まったのち，試験管**B**からガラス管の先をぬき，加熱するのをやめた。

④ピンチコックでゴム管を閉じ，試験管**A**を冷ました。

⑤試験管**A**の中の物質をとり出し，その物質を薬さじで強くこすったところ，金属光沢が見られた。

46%

(1) 実験1で，銅の粉末を1.2gにして同様の実験を行うと，加熱後の物質の質量の変化がなくなるのは加熱後の物質が何gになったときと考えられるか。その質量を求めなさい。

47%

(2) 実験2において，実験1でできた黒色の物質と炭素が反応したときの変化を，化学反応式で表しなさい。

〈埼玉県〉

2

差がつく!! 23%

右の図のように，スチールウールをのせたステンレス皿をガラス管に入れ，ガラス管とゴム管を酸素で満たし，さらにメスシリンダーの容積の半分を酸素で満たした。次に，ガラス管を加熱したところ，はじめは①<u>メスシリンダーの中の水面は下降していったが</u>，スチールウールが燃焼すると同時に②<u>メスシリンダーの中の水面は上昇した</u>。

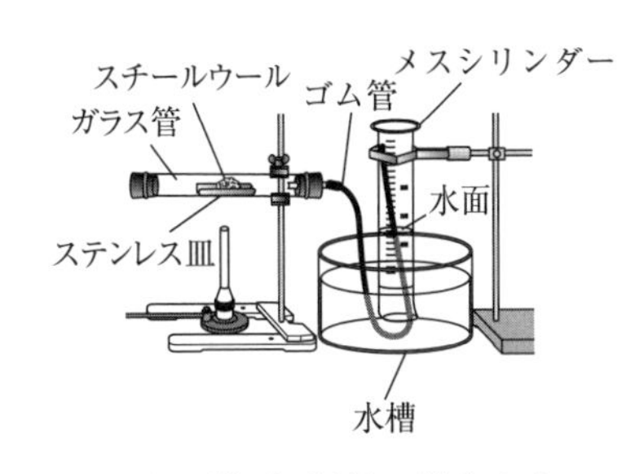

下線部①，下線部②の現象が起こった理由を，**ア**～**オ**からそれぞれ選び，記号で答えなさい。

ア　酸素と鉄が結びついたから。
イ　水が水蒸気になったから。
ウ　水蒸気が水になったから。
エ　酸素の体積が増加したから。
オ　二酸化炭素が水にとけたから。

〈北海道〉

化学変化と質量の保存

例題

正答率 49%

【実験】①図のように，うすい塩酸を入れた試験管と石灰石をペットボトルに入れ，ふたを閉じてペットボトル全体の質量を測定すると61.95gだった。

②ふたを閉じたままペットボトルを傾け，塩酸をすべて試験管から出して，石灰石と反応させたところ気体が発生した。気体の発生が終わってからペットボトル全体の質量を測定すると，61.95gだった。

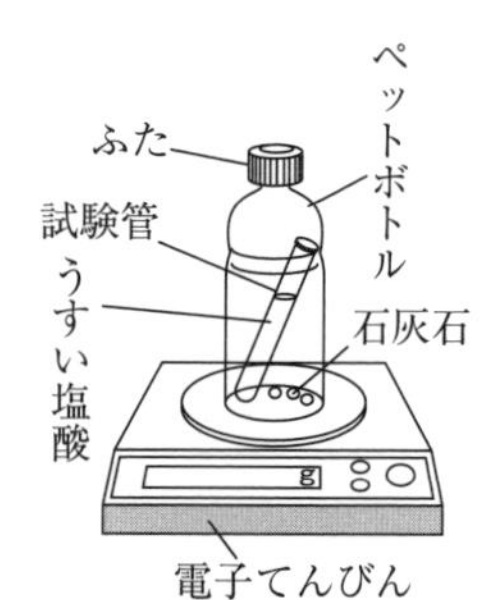

次の文中の[X]，[Y]に当てはまるものを1つ選び，記号で答えなさい。

①，②でそれぞれ測定したペットボトル全体の質量を比べたところ，変化が見られなかったのは，気体が発生した化学変化の前と後で，物質をつくる原子の[X]は変化したが，原子の[Y]が変化しなかったためである。

ア　X…組み合わせ　Y…種類と数　　イ　X…種類と数　Y…組み合わせ

ウ　X…数　Y…種類と組み合わせ　　エ　X…種類と組み合わせ　Y…数

〈新潟県〉

ミスの傾向と対策　質量保存の法則が「化学変化の前後で質量が変わらないこと」であることはわかっていたが，この法則が成り立つ理由までしっかり理解できていなかったと考えられる。確実に覚えている化学反応式（例：$2H_2 + O_2 \longrightarrow 2H_2O$）を書いて考えてみるとわかりやすい。

解き方　物質の質量＝物質をつくる原子の質量の和　である。化学変化の前後で物質をつくる原子の組み合わせが変化しても，原子の種類と数は変化しないので，化学変化の前後で物質全体の質量は変化しない。

解答　ア

入試必出！要点まとめ

■ **質量保存の法則**

- 化学変化の前後では，物質全体の質量は変化しない。

反応前の全体の質量＝反応後の全体の質量

- 質量保存の法則が成り立つのは，化学変化の前後で原子の組み合わせは変わるが，原子の種類と数は変わらないため。
- 質量保存の法則は，すべての化学変化において成り立つ。
  ①金属の質量＋結びついた酸素の質量＝酸化物の質量
  ②石灰石の質量＋塩酸の質量＝反応後の物質の質量＋発生した二酸化炭素の質量
- 気体が発生する化学変化を密閉していない状態で行うと，空気中に出ていった気体の分だけ質量は軽くなる。

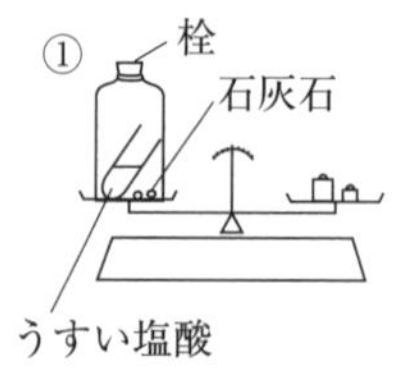

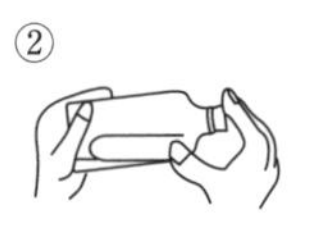

石灰石とうすい塩酸を混ぜ合わせる。

●①と③の質量は同じ。
●栓をあけると，二酸化炭素が空気中へ出ていくので，軽くなる。

実力チェック問題

解答・解説 別冊 P. 9

1

右の図で，塩酸10cm³とビーカーを合わせた質量は52.25gであった。これに，細かくくだいた石灰石0.90gを入れると気体Aが発生して，石灰石は完全にとけた。反応後の水溶液とビーカーを合わせた質量は52.75gであった。

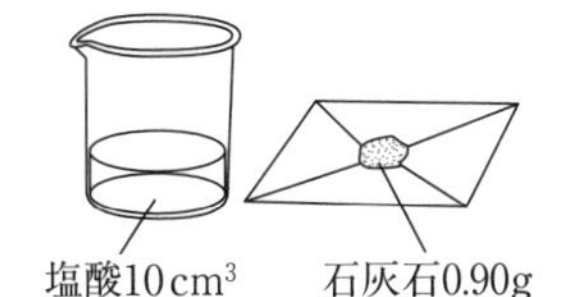

28%

(1) この実験で発生した気体Aと同じ気体が発生する反応は次のどれか，すべて選んで記号を書きなさい。

ア　二酸化マンガンに過酸化水素水を加える。
イ　炭酸水素ナトリウムを加熱する。
ウ　スチールウールを燃焼させる。
エ　エタノールを燃焼させる。

42%

(2) 塩酸と石灰石を用いた反応で，質量保存の法則が成り立っていることを確かめるためには，どのように実験方法を改良すればよいか，簡潔に書きなさい。

〈秋田県〉

2

【実験】うすい塩酸を用意し，表の①～⑤の順に実験を行った。①，②，③のとき，はかった質量はそれぞれ87.0g，88.0g，87.6gだった。**図2**は，①と③～⑤の結果をもとに，加えた石灰石の質量の合計と，ふたと容器を含めた全体の質量の関係を表したものである。ただし，③～⑤で発生した気体はすべて容器の外に出るものとする。

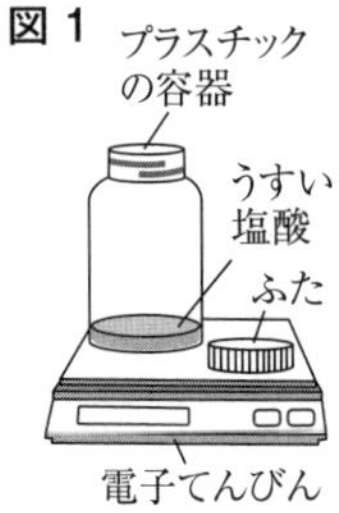

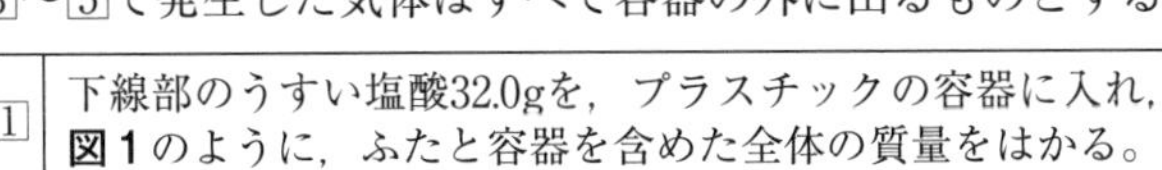

①	下線部のうすい塩酸32.0gを，プラスチックの容器に入れ，**図1**のように，ふたと容器を含めた全体の質量をはかる。
②	この容器に石灰石の粉末1.0gを加え，すぐにふたをしめて二酸化炭素が発生しなくなるまで反応させ，ふたで密閉したまま，容器を含めた全体の質量をはかる。
③	この容器のふたをあけて，しばらくしてから，ふたと容器を含めた全体の質量をはかる。
④	この容器のふたをあけたままで，石灰石の粉末1.0gを追加し，二酸化炭素が発生しなくなるまで反応させ，しばらくしてから，ふたと容器を含めた全体の質量をはかる。
⑤	加えた石灰石の質量の合計が6.0gになるまで，④の操作をくり返す。

図2

ふたと容器を含めた全体の質量〔g〕（87.0, 88.0, 89.0, 90.0, 91.0）
加えた石灰石の質量の合計〔g〕（0, 1.0, 2.0, 3.0, 4.0, 5.0, 6.0）

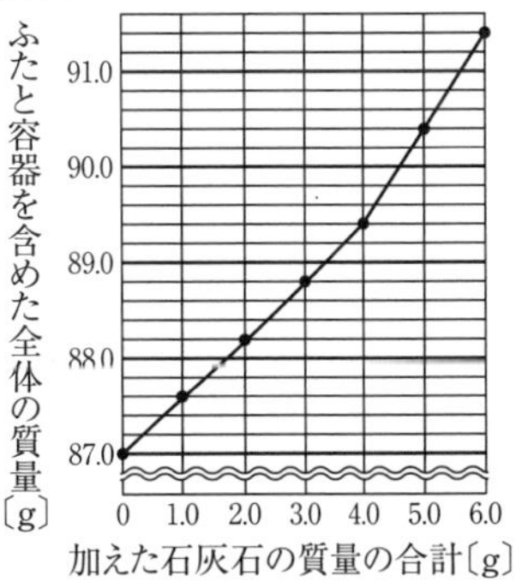

33%

(1) 表の②で発生した二酸化炭素の質量は何gか。

差がつく!! 18%

(2) 下線部のうすい塩酸32.0gに，石灰石の粉末をx〔g〕加えると，二酸化炭素がy〔g〕発生する。xを0から6.0gまで変化させるときの，xとyとの関係を表すグラフを，**図2**をもとに右にかきなさい。

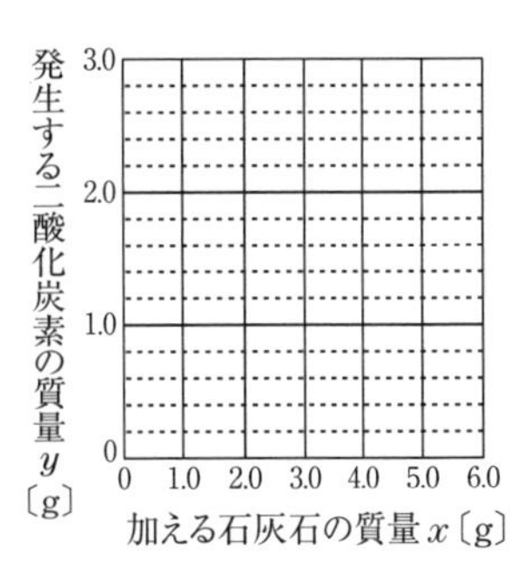

〈愛媛県〉

化学

質量変化の規則性

例題

正答率

差がつく!!

9%

試験管A，Bを用意し，試験管Aには黒色の酸化銅2.0gと炭素粉末0.15gをよく混ぜ合わせて入れ，試験管Bには黒色の酸化銅2.0gと0.15gより少ない量の炭素粉末をよく混ぜ合わせて入れた。右の図のように，試験管Aを加熱すると，気体が発生して試験管Cの中の石灰水が白くにごった。

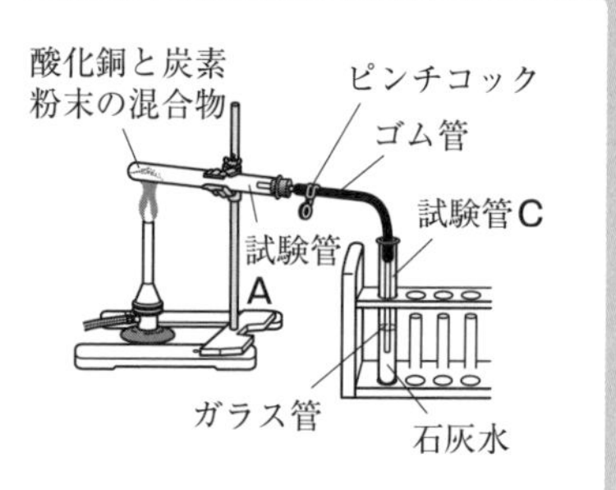

気体の発生が終わったあとの試験管Aには銅1.6gだけが残っていた。気体の発生が終わったあとの試験管Bに残っていた物質の質量は1.7gで，試験管Bに残った物質には未反応の酸化銅が混ざっていた。このとき，試験管Bに残っていた未反応の酸化銅の質量は何gか。計算して答えなさい。ただし，酸化銅と炭素粉末の反応以外の反応は起こらないものとする。

〈静岡県〉

ミスの傾向と対策

試験管Aには銅1.6gが残り，試験管Bには1.7gの物質が残っていたことから，1.7g－1.6g＝0.1gと解答するミスが多かった。
試験管Bでは，炭素粉末が0.15gよりも少ないため，還元によって生じた銅は1.6gよりも少ない。問題文をよく読んで，あたえられた数値が何を表しているかを考えることが大切である。

解き方　炭素と結びついた酸素の質量は，試験管Aでは2.0g－1.6g＝0.4g，試験管Bでは2.0g－1.7g＝0.3g　試験管Bで還元された酸化銅の質量をxgとすると，2.0g：0.4g＝xg：0.3g　x＝1.5より，1.5g　よって，未反応の酸化銅の質量は，
2.0g－1.5g＝0.5g

解答　0.5g

入試必出!　要点まとめ

■化学変化と質量の割合

- 化学変化に関係する物質の質量の割合は，常に一定である。
- **銅と酸素が結びつく変化**
  銅：酸素＝4：1
- **マグネシウムと酸素が結びつく変化**
  マグネシウム：酸素＝3：2

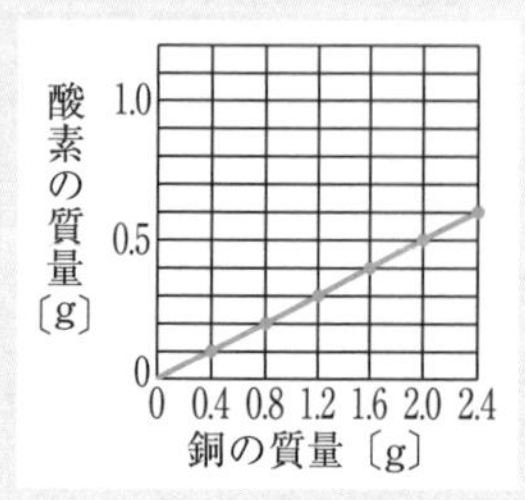

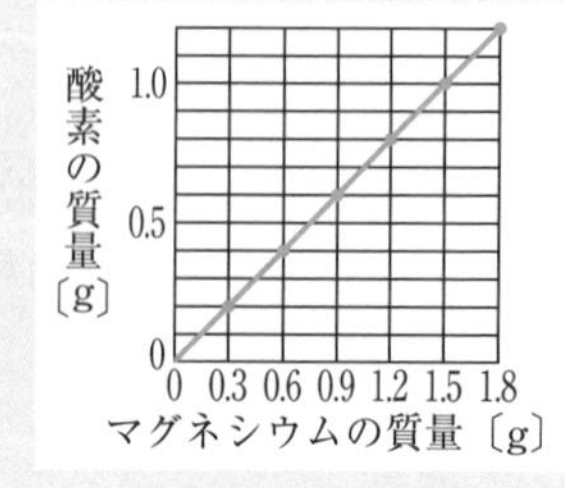

結びついた酸素の質量
＝酸化物の質量－もとの金属の質量

実力チェック問題

解答・解説 別冊 P. 9

1

金属の酸化について調べるために，銅の粉末とマグネシウムの粉末を用い，次の①～③の手順で実験を行った。**表1**，**2**は，その結果をまとめたものである。

【実験】①銅の粉末0.60gを加熱して完全に酸化させ，得られた酸化銅の質量をはかった。

②銅の粉末の質量を1.20g，1.80gにして，①と同様のことをそれぞれ行った。

③銅の粉末の代わりにマグネシウムの粉末を用いて，①，②と同様のことを行った。

表1

銅の粉末の質量〔g〕	0.60	1.20	1.80
得られた酸化銅の質量〔g〕	0.75	1.50	2.25

表2

マグネシウムの粉末の質量〔g〕	0.60	1.20	1.80
得られた酸化マグネシウムの質量〔g〕	1.00	2.00	3.00

38% (1) 同じ質量の銅とマグネシウムを完全に酸化させたとき，銅に結びつく酸素の質量とマグネシウムに結びつく酸素の質量の比は一定であることがわかった。その比を最も簡単な整数比で書きなさい。

46% (2) 銅の粉末2.20gを完全に酸化させたとき，得られる酸化銅の質量は何gになるか，求めなさい。

〈山形県〉

2

濃度の異なる過酸化水素水**A**と**B**を用いて，発生する酸素の体積を調べる実験を行った。

【実験】①ペットボトルに二酸化マンガンを0.1gはかりとった。

②試験管に過酸化水素水**A**を2.0cm³はかりとり，**図1**のように①のペットボトルの中に入れ，ガラス管付きゴム栓でふたをした。

③ペットボトルを傾けて，試験管の中の過酸化水素水**A**と二酸化マンガンを混ぜて完全に反応させ，発生する酸素の体積を**図2**のような方法で調べた。

④過酸化水素水**A**の体積を4.0cm³, 6.0cm³, 8.0cm³, 10.0cm³にかえて，同様に実験を行った。また，過酸化水素水**B**5.0cm³を用いて同様に実験を行った。

図1

図2

【結果】

過酸化水素水Aの体積〔cm³〕	2.0	4.0	6.0	8.0	10.0
発生した酸素の体積〔cm³〕	24.0	48.0	72.0	96.0	120.0

過酸化水素水Bの体積〔cm³〕	5.0
発生した酸素の体積〔cm³〕	35.0

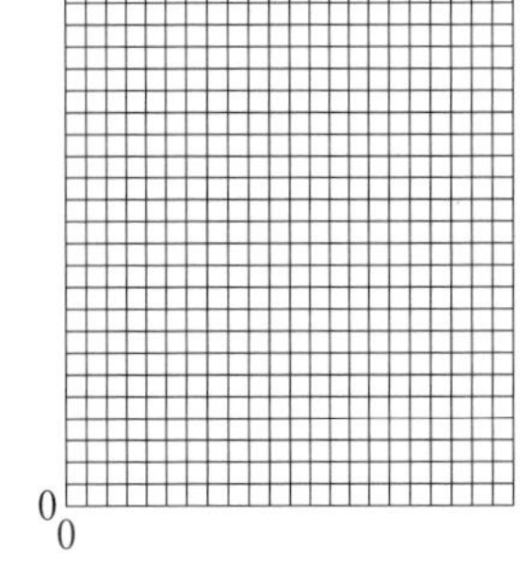

 39% (1) 過酸化水素水**A**の体積と発生した酸素の体積の関係を表すグラフを右にかきなさい。ただし，横軸と縦軸が表す量を示し，目もりをふること。

33% (2) ある体積の過酸化水素水**B**を用いて上の実験を行うと，過酸化水素水**A**9.0cm³を用いる場合と同じ体積の酸素が発生した。用いた過酸化水素水**B**の体積は何cm³か。四捨五入し，小数第1位まで求めなさい。

〈福島県〉

化学

水溶液とイオン

例題

塩化銅が水にとけてイオンに分かれるようすを，化学式を使って表しなさい。

〈埼玉県〉

正答率 差がつく!! 20%

ミスの傾向と対策

物質やイオンを表す化学式を正確に書けなかったと考えられる。銅イオンCu^{2+}の「2」や塩化銅$CuCl_2$の「2」の書き忘れなどに注意が必要である。教科書に出てくる物質やイオンについては，正確な化学式が書けるようにしておこう。

解き方 塩化銅$CuCl_2$が水にとけると，陽イオンである銅イオンCu^{2+}と陰イオンである塩化物イオンCl^-が1：2の割合でできる。

解答 $CuCl_2 \longrightarrow Cu^{2+} + 2Cl^-$

入試必出！ 要点まとめ

■原子の構造

- 原子の中心に＋の電気をもつ原子核があり，そのまわりに－の電気をもつ電子がある。
- 原子核は，＋の電気をもつ陽子と電気をもたない中性子からできている。

■イオン

- **陽イオン**…原子が電子を失って，全体として＋の電気を帯びたもの。
  例　水素イオンH^+，ナトリウムイオンNa^+，銅イオンCu^{2+}，亜鉛イオンZn^{2+}
- **陰イオン**…原子が電子を受けとって，全体として－の電気を帯びたもの。
  例　塩化物イオンCl^-，水酸化物イオンOH^-，硫酸イオン$SO_4{}^{2-}$，炭酸イオン$CO_3{}^{2-}$

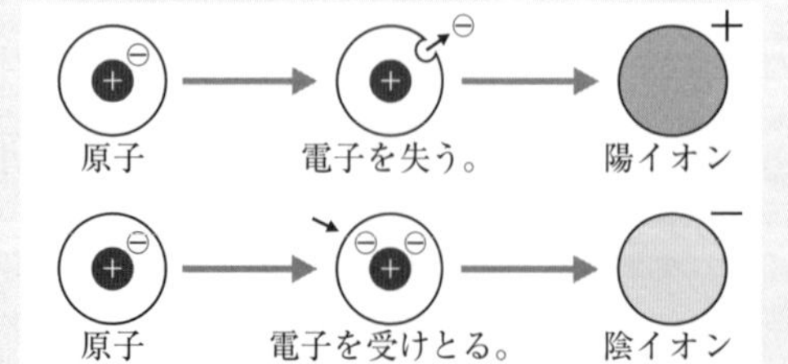

■電離

- 電解質が水にとけて，陽イオンと陰イオンに分かれること。
  例　塩化水素：$HCl \longrightarrow H^+ + Cl^-$
  塩化ナトリウム：$NaCl \longrightarrow Na^+ + Cl^-$
  塩化銅：$CuCl_2 \longrightarrow Cu^{2+} + 2Cl^-$
  水酸化ナトリウム：$NaOH \longrightarrow Na^+ + OH^-$
  硫酸：$H_2SO_4 \longrightarrow 2H^+ + SO_4{}^{2-}$

■電池（化学電池）

- 物質のもつ化学エネルギーを化学変化によって電気エネルギーに変換する装置。

■燃料電池

- 水の電気分解と逆の化学変化を利用して，水素と酸素のもつ化学エネルギーを電気エネルギーとして直接とり出す装置。
- 水素　＋　酸素　⟶　水
  $2H_2 + O_2 \longrightarrow 2H_2O$
  ↓
  燃料電池では，水しか生じない。
  ↓
  二酸化炭素や窒素酸化物など，有害な物質が出ないので，環境への影響が少ない。

実力チェック問題

解答・解説 別冊 P. 10

1

【実験】無色透明の水溶液が$30cm^3$ずつ入ったビーカーA，B，C，Dを用意した。A～Dに入っている水溶液は，うすい塩酸，うすい水酸化ナトリウム水溶液，うすい硫酸，砂糖水の４種類のいずれかである。これらを区別するために次の①～③を行った。

①各ビーカーの水溶液を$5cm^3$ずつそれぞれ試験管にとり，マグネシウムリボンを入れると，AとBの水溶液は気体が発生したが，CとDの水溶液は気体は発生しなかった。

②各ビーカーの水溶液を$5cm^3$ずつそれぞれ試験管にとり，塩化バリウム水溶液を加えると，Aの水溶液は沈殿が生じたが，B，C，Dの水溶液は沈殿は生じなかった。

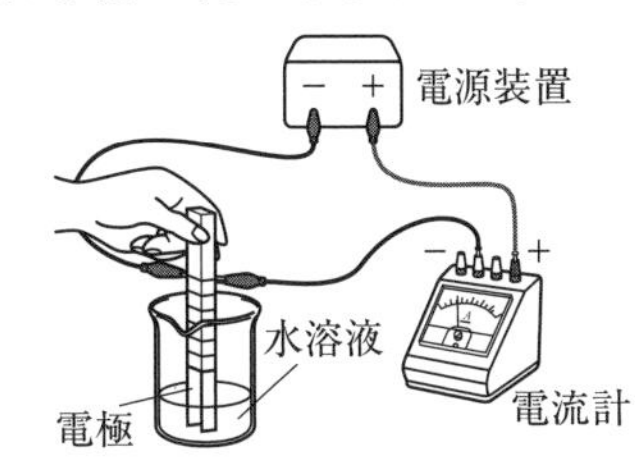

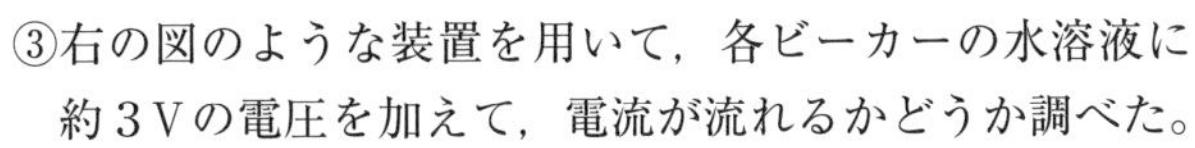

③右の図のような装置を用いて，各ビーカーの水溶液に約３Ｖの電圧を加えて，電流が流れるかどうか調べた。A，B，Cでは電流が流れたが，Dでは電流が流れなかった。

差がつく!! (1) 20%

(1) 実験の②について，Aの水溶液で生じた沈殿は，塩化バリウムの電離により生じた陽イオンと水溶液中のある陰イオンが結びついてできた物質である。この陰イオンは何か。イオンの化学式を書きなさい。

差がつく!! (2)B 20%　(2)C 61%

(2) ビーカーBとビーカーCの水溶液はそれぞれ４種類のうちどれか。名称を書きなさい。

(3) 38%

(3) 実験の①，②はそのままに，実験の③で行う操作の代わりに次のア～オのいずれかの操作を行うことでも，ビーカーA～Dの水溶液を区別することができる。その操作として最も適当なものはどれか。ア～オの中から１つ選びなさい。

ア　食塩水を加える。　　**イ**　水酸化バリウム水溶液を加える。
ウ　塩化コバルト紙につける。　　**エ**　青色リトマス紙につける。
オ　フェノールフタレイン溶液を加える。

〈福島県〉

2

【実験】右の図のように，亜鉛板と銅板を用いて，ダニエル電池を作製し，しばらくモーターを回転させた。その後，亜鉛板をとり出して観察すると，<u>亜鉛板の表面はぼろぼろになっていた</u>。

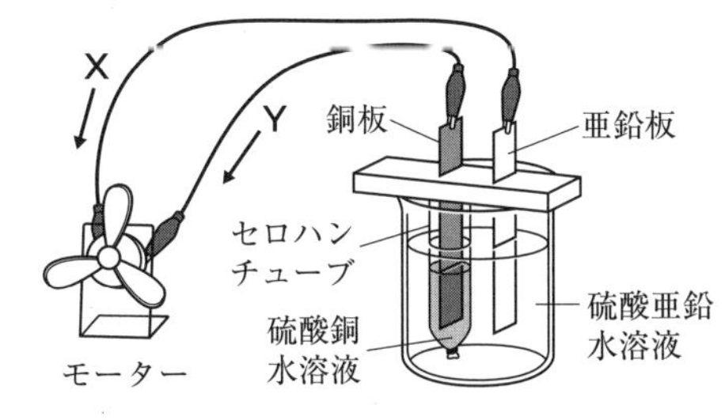

31%

(1) 下線部の亜鉛板の表面で起こった変化を，例のように化学式と電子e^-を使って表しなさい。
例　$2H^+ + 2e^- \longrightarrow H_2$

56%

(2) 右の図の電池の＋極と電流の向きの組み合わせとして最も適当なのは，次のどれか。
ア　亜鉛板・X　　**イ**　亜鉛板・Y　　**ウ**　銅板・X　　**エ**　銅板・Y

〈長崎県〉

化学

酸・アルカリとイオン

例題

正答率 45%

3種類の水溶液A～Cを用いて，**表1**のような混合液Ⅰ，Ⅱ，Ⅲをつくり，その性質を調べた。**表2**は，このときの実験方法とその結果である。3種類の水溶液A～Cは，食塩水，うすい塩酸，うすい水酸化ナトリウム水溶液のいずれかである。

表1

混合液Ⅰ	水溶液A10cm³と水溶液B10cm³の混合液
混合液Ⅱ	水溶液A10cm³と水溶液C10cm³の混合液
混合液Ⅲ	水溶液B10cm³と水溶液C10cm³の混合液

表2

実験方法	結果		
	混合液Ⅰ	混合液Ⅱ	混合液Ⅲ
緑色のBTB溶液を加えたときの色を調べる	黄色	黄色	青色
0.1gのマグネシウムリボンを加える	水素が，おだやかに発生した	水素が，はげしく発生した	変化なし

食塩水，うすい塩酸，うすい水酸化ナトリウム水溶液は，A～Cのうち，どの水溶液か。それぞれA～Cの記号で書きなさい。〈愛媛県〉

ミスの傾向と対策

うすい塩酸とうすい水酸化ナトリウム水溶液を混合すると中和が起こることを理解した上で，3種類の水溶液すべてについて正解しないと得点できないため，正答率が低かったと考えられる。この問題のように理論立てて考える問題は，頭の中だけで考えず，わかったことを簡単に書き出してみるとよい。

解き方 混合液Ⅲで，BTB溶液が青色になったことから，水溶液B，Cのいずれかがうすい水酸化ナトリウム水溶液である。また，中和が起こると酸性の性質は弱まるので，混合液Ⅰの水溶液A，Bはうすい塩酸とうすい水酸化ナトリウム水溶液のいずれかとわかる。

解答 **食塩水…C　うすい塩酸…A**
うすい水酸化ナトリウム水溶液…B

入試必出！ 要点まとめ

■水溶液の性質

	酸性	中性	アルカリ性
リトマス紙	赤→赤，青→赤	赤→赤，青→青	赤→青，青→青
BTB溶液	黄色	緑色	青色
フェノールフタレイン溶液	無色	無色	赤色
マグネシウムリボンを入れる	水素が発生	変化なし	変化なし

■酸・アルカリ

- **酸**…水にとけて電離し，水素イオンH^+を生じる物質。
- **アルカリ**…水にとけて電離し，水酸化物イオンOH^-を生じる物質。
- **pH**…酸性，アルカリ性の強さを表す。
  酸性：＜7，中性：＝7，アルカリ性：＞7

■中和

- 酸の水溶液とアルカリの水溶液を混ぜ合わせると，水素イオンと水酸化物イオンが結びついて水ができるため，酸とアルカリが互いの性質を打ち消し合う化学変化。
- **塩**…酸の陰イオンとアルカリの陽イオンが結びついてできた物質。

1　40%

スライドガラスの上に溶液**A**をしみ込ませたろ紙を置き，右の図のように，中央に×印をつけた2枚の青色リトマス紙を重ね，両端をクリップで留めた。うすい塩酸とうすい水酸化ナトリウム水溶液を青色リトマス紙のそれぞれの×印に少量つけたところ，一方が赤色に変化した。両端のクリップを電源装置につないで電流を流したところ，赤色に変化した部分は陰極側に広がった。このとき溶液**A**として適切なのは，下の ① の**ア**～**エ**のうちではどれか。また，青色リトマス紙を赤色に変色させたイオンとして適切なのは，下の ② の**ア**～**エ**のうちではどれか。

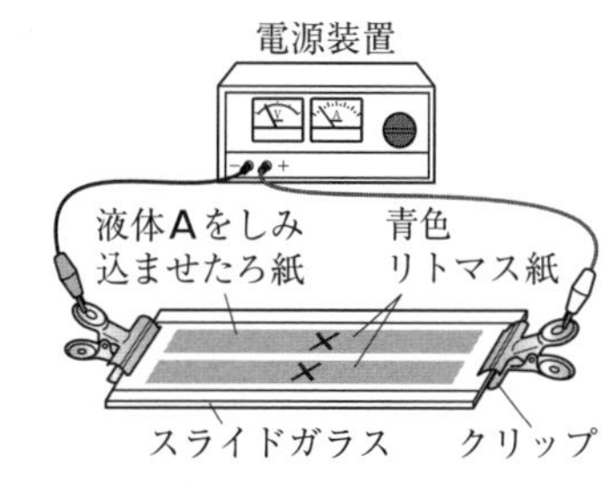

① **ア**　エタノール水溶液　**イ**　砂糖水　**ウ**　食塩水　**エ**　精製水（蒸留水）

② **ア**　H^+　**イ**　Cl^-　**ウ**　Na^+　**エ**　OH^-

〈東京都〉

2

【実験】①うすい水酸化ナトリウム水溶液3 cm³を試験管にとり，緑色のBTB溶液を2，3滴加えて，色の変化を見た。

②①の試験管に，**図1**のようにうすい塩酸を2 cm³加え，色の変化を見た。

③②の試験管に，うすい塩酸をさらに2 cm³ずつ加えて，そのたびに色の変化を見た。

図1

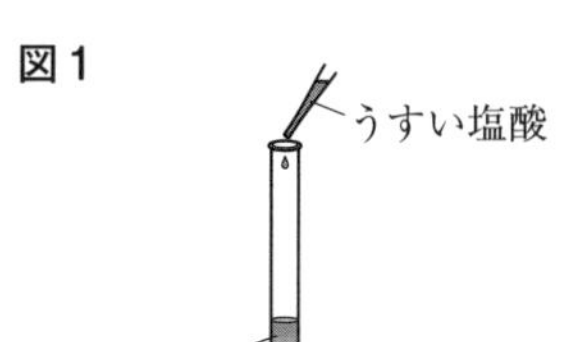

加えた塩酸の量〔cm³〕	0	2	4	6	8
水溶液の色	青色	うすい青色	緑色	うすい黄色	黄色

次の問いに答えなさい。ただし，それぞれのグラフは加えた塩酸の量〔cm³〕を横軸に，水溶液中のイオンの数を縦軸にとったものである。

36%　(1) ナトリウムイオンの数の変化を表しているグラフとして，最も適切なものはどれか。次の**ア**～**エ**から1つ選び，記号で答えなさい。

ア

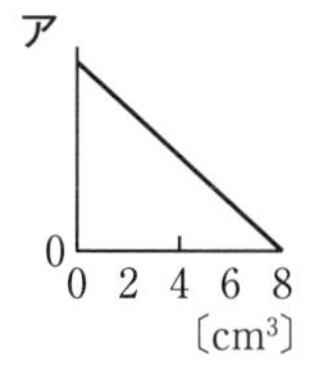

イ

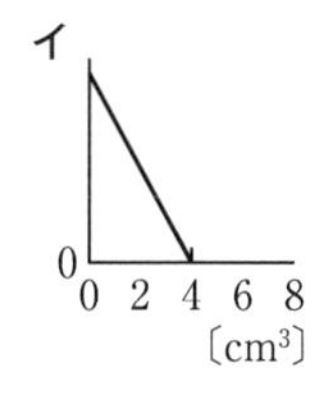

ウ

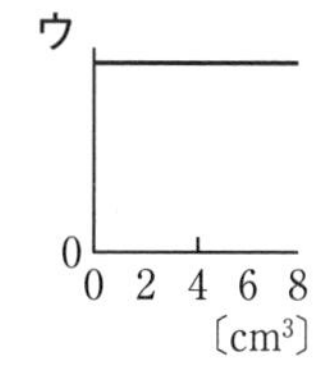

エ

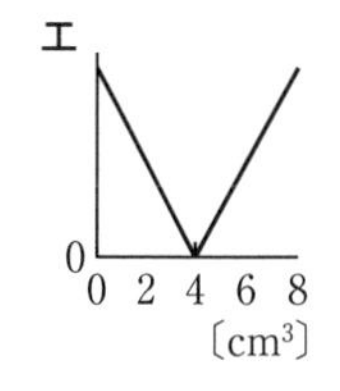

31%　(2) はじめ，水素イオンの数の変化を**図2**のように考えたが，**図3**のほうがより適切であることに気づき，その理由を下のようにまとめた。[　　　]に入る適切な内容を，イオンの名称を使って，簡潔に書きなさい。

図2

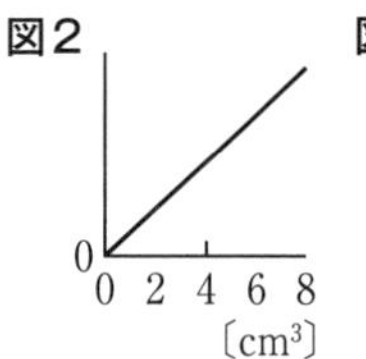

図3

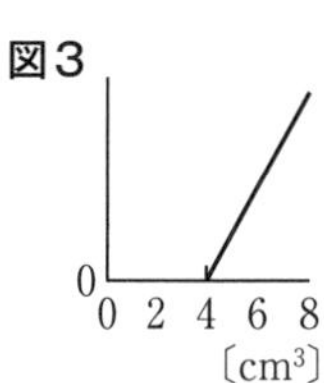

加えた塩酸の量が0 cm³～4 cm³の間では，水素イオンは[　　　　　　]ので，**図2**のように水素イオンが増えないことから，**図3**のほうがより適切である。

〈宮崎県〉

さまざまなエネルギーとその変換

例題

正答率

差がつく!! 関係 18%

差がつく!! 理由 14%

熱エネルギーを利用した発電の１つとして，地熱発電がある。この発電では，地下にあるマグマの熱によってあたためられた水蒸気の熱エネルギーから，次のようにして電気エネルギーがつくり出される。

a 熱エネルギー（水蒸気） → b 運動エネルギー（タービン） → c 電気エネルギー（発電機）

このときの水蒸気の熱エネルギーの大きさをa，タービンの回転による運動エネルギーの大きさをb，これによって生じる電気エネルギーの大きさをcとすると，a，b，cの大きさの関係は，［X］のようになる。

［X］に当てはまるa，b，cの大きさの関係を，例のように，等号や不等号を使って表しなさい。また，そのような関係になる理由を書きなさい。

（例）$P = Q > R$

〈秋田県〉

ミスの傾向と対策

「エネルギーの総量は常に一定である」というエネルギーの保存（エネルギー保存の法則）から，$a = b = c$としたミスが多かったと考えられる。エネルギーを変換する際，あるエネルギーがすべて目的のエネルギーに変換されるとすれば正しいのだが，発電のようなエネルギー変換では，１つのエネルギーは目的以外のエネルギーにも変換されるので，熱エネルギーの大きさ＝運動エネルギーの大きさ＝電気エネルギーの大きさ　とはならない。

解き方　マグマの熱によってあたためられた水蒸気の熱エネルギーは，運動エネルギー以外のエネルギーにも変換されている。このように，エネルギーの一部は目的以外のエネルギーとなってしまうため，$a > b > c$となる。

解答　関係…$a > b > c$

理由…(例)エネルギーの一部は目的のエネルギーに変換されず，別のエネルギーに変わってしまうから。

入試必出！ 要点まとめ

■エネルギーの保存（エネルギー保存の法則）

- 熱や音など目的としていないエネルギーも含めれば，エネルギーの総量は変わらない。

■再生可能なエネルギー

- 太陽光や風力，水力，地熱，バイオマスなど，エネルギー源を一度利用しても再び利用できるエネルギー。環境を汚すおそれが少ない。

■おもな発電方法

発電方法	変換前のエネルギー	長所	短所
火力発電	化石燃料がもつ 化学エネルギー	発電量が多い。	化石燃料の埋蔵量に限りがある。 二酸化炭素などが発生する。
水力発電	ダムの水がもつ 位置エネルギー	有害物質が出ない。	環境破壊のおそれがある。 地形や降水量に影響される。
原子力発電	ウランなどの 核エネルギー	発電量が多い。	資源に限りがある。 放射線による人体への影響が課題。

1

【実験】①明るさがほぼ同じLED電球と白熱電球Pを用意し，消費電力の表示を表にまとめた。

	LED電球	白熱電球P
消費電力の表示	100V　7.5W	100V　60W

②実験①のLED電球を，水が入った容器のふたに固定し，コンセントから100Vの電圧をかけて点灯させ，水の上昇温度を測定した。**図1**は，このときのようすを模式的に表したものである。実験は熱の逃げない容器を用い，電球が水にふれないように設置して行った。

③実験①のLED電球と同じ「100V　7.5W」の白熱電球Q（**図2**）を用意し，実験②と同じように水の上昇温度を測定した。

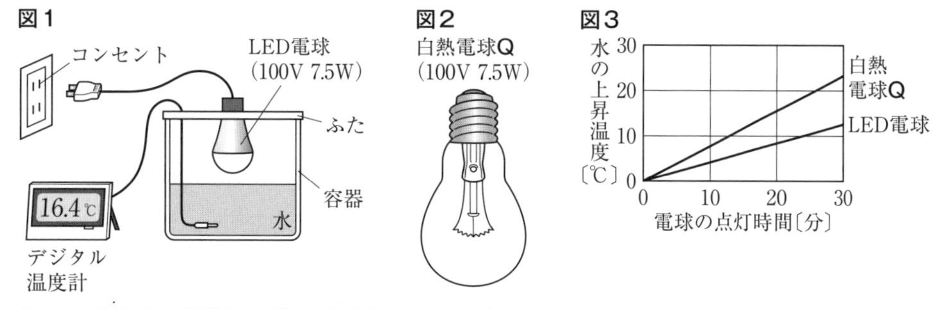

なお，**図3**は，実験②，③の結果をグラフに表したものである。

(1)b 43%

〔1〕白熱電球Pを2時間使用したときの電力量は何Wh（**a**）か。また，このときの電力量は，実験①のLED電球を何時間（**b**）使用したときと同じ電力量であるか。ただし，どちらの電球にも100Vの電圧をかけることとする。

(2) 37%

〔2〕白熱電球に比べてLED電球のほうが，電気エネルギーを光エネルギーに変換する効率が高い。その理由について，実験②，③からわかることをもとに，簡潔に書きなさい。

〈栃木県〉

2

次は，従来の火力発電，バイオマス発電について，発電の特徴をそれぞれまとめたものである。

〈従来の火力発電〉

a <u>石油，石炭，天然ガス</u>などの化学エネルギーを使って発電する。日本の総発電量に占める割合は，最も大きい。資源の枯渇や環境への影響が課題となっている。

〈バイオマス発電〉

生物体をつくっている有機物の化学エネルギーを使って発電する。b <u>稲わらなどの植物繊維や家畜の糞尿</u>から得られるアルコールやメタン，森林の c <u>間伐材</u>を利用している。

下線部aを利用する従来の火力発電に比べて，下線部b，cを利用するバイオマス発電にはどんな利点があるか，書きなさい。

〈秋田県〉

生物

花のつくりとはたらき，生物の分類

例題

正答率 差がつく!! 7%

卵細胞が受精したあと，成長して種子になる部分はどこか。右の図に斜線で示しなさい。

〈長崎県〉

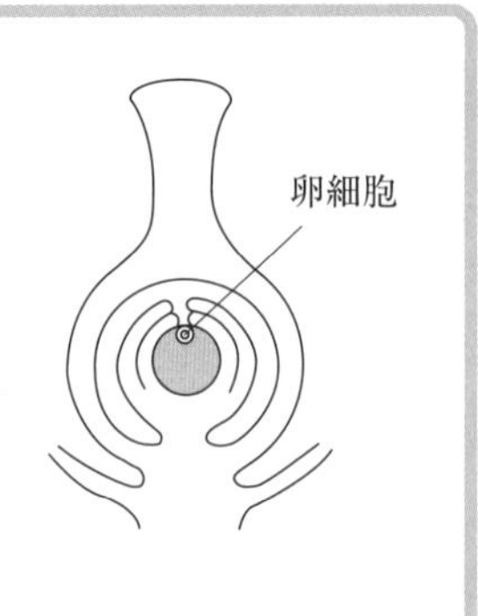

ミスの傾向と対策

成長して種子になるのが胚珠であることはわかったが，その位置を正確に把握できていなかったため，ミスしたと考えられる。名称は，図を見て位置を確認しながら覚えるようにしよう。

解き方 成長して種子になるのは，胚珠である。被子植物では，胚珠は子房の中にあるので，子房の中の部分すべてに斜線を引く。

解答 右図

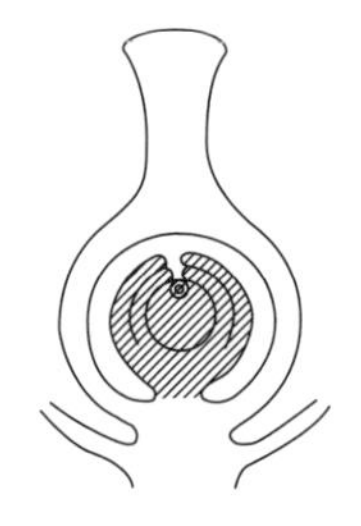

入試必出! 要点まとめ

■ 花のつくり

● 被子植物

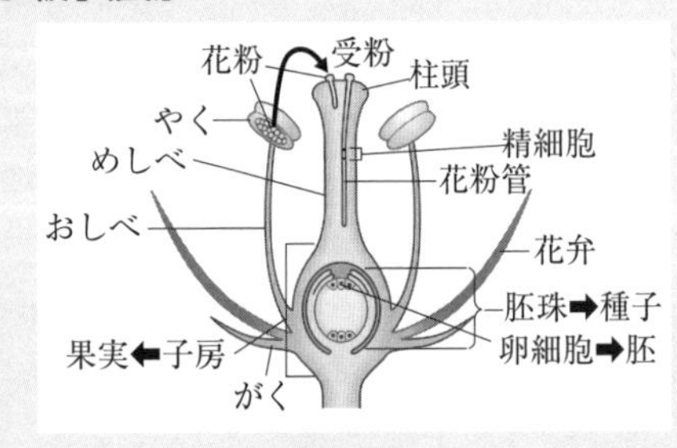

● 裸子植物

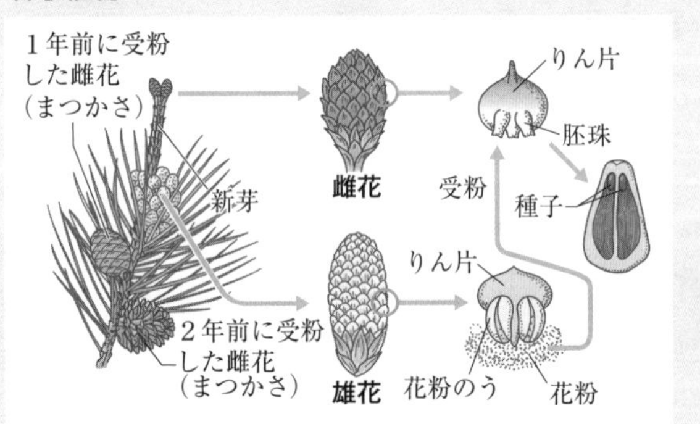

■ 種子植物の分類

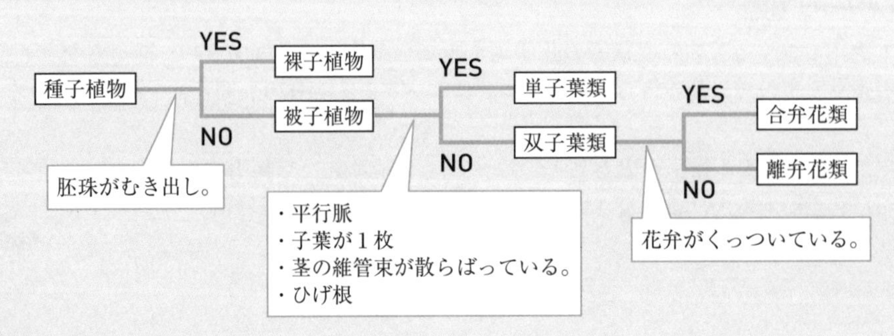

実力チェック問題

解答・解説 別冊 P. 12

1

(1)A 43%　絶対落とすな!! (1)B 80%　(2) 49%

図1は，エンドウのめしべの断面を，**図2**は，マツの雄花と雌花のりん片を示した模式図である。次の問いに答えなさい。

(1) **図1**のように，めしべは，**A**・花柱・**B**の3部分から成り立っている。**A**，**B**の名称を，それぞれ書きなさい。

(2) 胚珠は，**図2**の中ではどの部分か。胚珠に当たる部分をすべてぬりつぶしなさい。

〈山梨県〉

図1

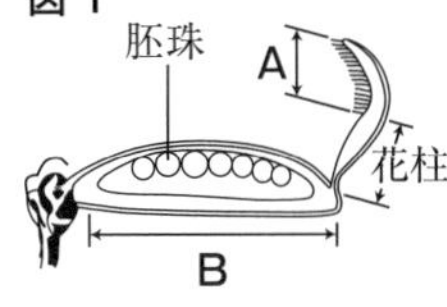
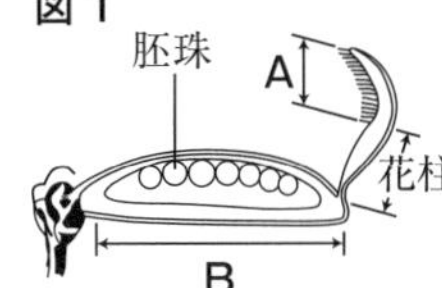

図2

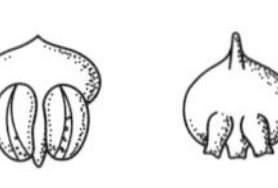

2

右の図は，アブラナの花のつくりを調べるため，花の各部分を外側から**a**～**d**の順にとり外して並べたものである。

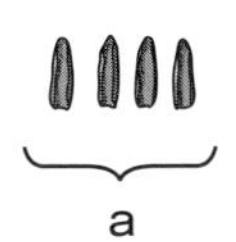

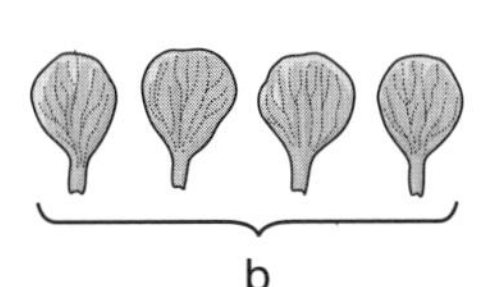

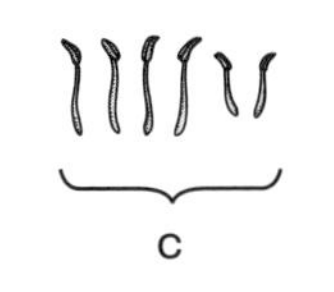

bのつき方によって，双子葉類を2つに分けたとき，アブラナと同じなかまに入る植物は次のどれか。すべて選び，記号で答えなさい。

ア　アサガオ　**イ**　エンドウ　**ウ**　サクラ　**エ**　タンポポ　**オ**　ツツジ

〈秋田県〉

3

44%

【レポート】しらす干しに混じる生物について

しらす干しは，製造する過程でイワシの稚魚以外の生物を除去していることがわかった。そこで，除去する前にどのような生物が混じっているのかを確かめることにした。しらす漁の際に捕れた，しらす以外の生物が多く混じっているものを購入し，それぞれの生物の特徴を観察し，表のように4グループに分類した。

グループ	生物
A	イワシ・アジのなかま
B	エビ・カニのなかま
C	タコ・イカのなかま
D	二枚貝のなかま

レポートから，生物の分類について述べた次の文章の［①］と［②］にそれぞれ当てはまるものとして適切なものは，下の**ア**～**エ**のうちではどれか。

表の4グループを，脊椎動物とそれ以外の生物で2つに分類すると，脊椎動物のグループは［①］である。また，軟体動物とそれ以外の生物で2つに分類すると，軟体動物のグループは，［②］である。

［①］　**ア**　A　**イ**　AとB　**ウ**　AとC　**エ**　AとBとD

［②］　**ア**　C　**イ**　D　**ウ**　CとD　**エ**　BとCとD

〈東京都〉

生物

蒸散

例題

正答率 30%

葉の表側と裏側での蒸散の量の違いを調べるために，葉の表側にワセリンをぬった枝と，葉の裏側にワセリンをぬった枝を1本ずつ用意し，それぞれを水の入ったメスシリンダーに，右の図のようにさして実験を行う。この実験を行ううえで，最も重要なことはどれか。1つ選び，記号で答えなさい。

ア　それぞれの枝についている葉の枚数と大きさをそろえる。
イ　それぞれのメスシリンダーについて，水面の高さをそろえる。
ウ　メスシリンダーに入れる水を赤インクで着色する。
エ　この実験を，暗く乾燥しにくいところで行う。

〈栃木県〉

気孔から出ていった水蒸気の量（蒸散の量）を調べることから，**イ**を選んだミスが多かったと考えられる。水面の高さは違っても，実験前と実験後の水面の位置がわかれば蒸散の量は算出できるので，「最も重要なこと」にはならないことに注意しよう。

解き方　蒸散はおもに気孔を通して行われるため，枝全体の気孔の数をできるだけ同じにする必要がある。よって，2本の枝の葉の枚数と大きさをそろえて実験を行わなければならない。ワセリンをぬると，気孔がふさがり，蒸散ができなくなるため，表側と裏側での蒸散の量の違いを調べることができる。

解答　ア

入試必出！ 要点まとめ

■ 葉のつくり

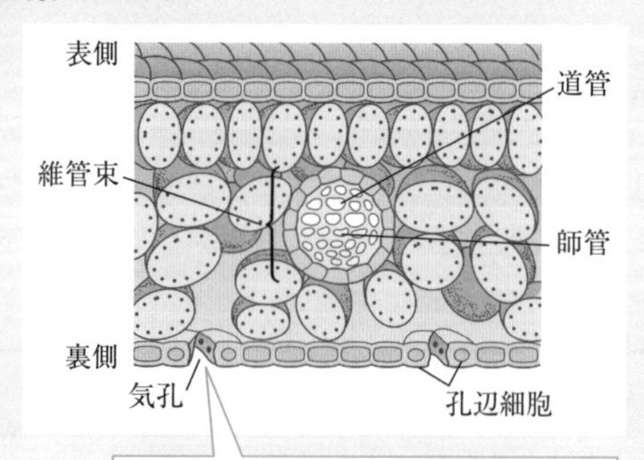

●蒸散による水蒸気の出口。
●光合成や呼吸による気体の出入り口。
●ふつう，葉の裏側に多く見られる。
●葉以外の部分にも気孔はある。

■ 茎のつくり

- **道管**…根から吸収した水や養分の通り道。茎の内側を通っている。
- **師管**…葉でつくられた栄養分の通り道。茎の外側を通っている。
- 道管と師管の集まった束を**維管束**という。

■ 根のつくり

- 根の表面には，細かい毛のような根毛がたくさんある。
- 双子葉類の根は主根と側根。
- 単子葉類の根はひげ根。

実力チェック問題

解答・解説 別冊 P. 12

1 49%

表のようにツバキの枝**ア**〜**エ**を用意した。水を入れた4本のメスシリンダーに，それぞれの枝を図のようにさして，水面に油を数滴たらした。数時間後の水の量は，4本とも減少していた。

枝	ワセリンのぬり方
ア	すべての葉の表側だけにぬる
イ	すべての葉の裏側だけにぬる
ウ	すべての葉の両面にぬらない
エ	すべての葉の両面にぬる

ワセリンは蒸散を防ぐためにぬる。

このうち2本のメスシリンダーの減少した水の量を用いると，葉の裏側から蒸散した量を求めることができる。どの枝をさしたものを用いればよいか，**ア**〜**エ**の記号で組み合わせを2通り書きなさい。ただし，ツバキの枝についている葉の枚数と大きさは，すべて同じものとする。

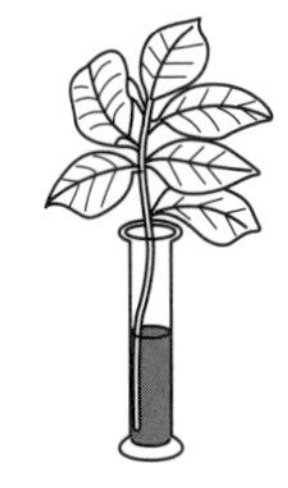

〈秋田県〉

2

【実験】①葉の数と大きさ，茎の長さと太さをそろえたアジサイの枝を3本用意し，水を入れた3本のメスシリンダーにそれぞれさした。その後，それぞれのメスシリンダーの水面を油でおおい，図のような装置をつくった。

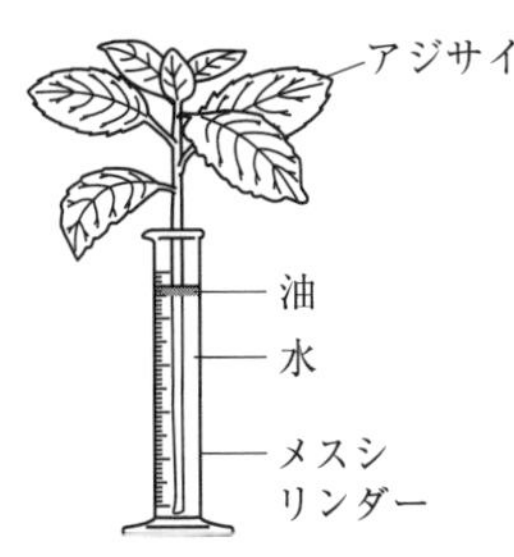

②①の装置で，葉に何も処理しないものを装置**A**，すべての葉の表側にワセリンをぬったものを装置**B**，すべての葉の裏側にワセリンをぬったものを装置**C**とした。

③装置**A**，**B**，**C**を明るいところに3時間置いたあと，水の減少量を調べた。表はその結果をまとめたものである。

	装置A	装置B	装置C
水の減少量〔cm^3〕	12.4	9.7	4.2

④装置**A**と同じ条件の装置**D**を新たにつくり，装置**D**を暗室に3時間置き，その後，明るいところに3時間置いた。その間，1時間ごとの水の減少量を記録した。

実験中の温度と湿度は一定に保たれているものとする。

(1)a 56%　(1)b 60%

〔1〕③の結果から，「葉の表側からの蒸散量（**a**）」および「葉以外からの蒸散量（**b**）」として，最も適切なものを，次の**ア**〜**オ**のうちから1つずつ選び，記号で答えなさい。

ア $0.6cm^3$　**イ** $1.5cm^3$　**ウ** $2.7cm^3$　**エ** $5.5cm^3$　**オ** $8.2cm^3$

(2)記号 50%

〔2〕④において，1時間ごとの水の減少量を表したものとして，最も適切なものはどれか。また，そのように判断できる理由を，「気孔」という語を用いて簡潔に書きなさい。

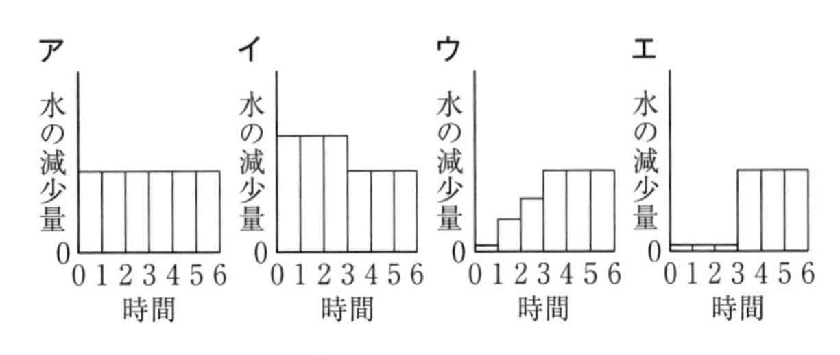

〈栃木県〉

生物

光合成と呼吸

例題

正答率

(1) 38%

差がつく!!

(2) 14%

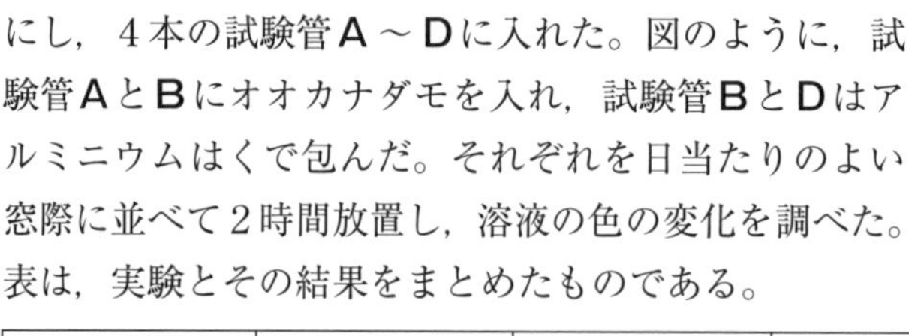

【実験】青色のBTB溶液に息を吹き込んで緑色（中性）にし，４本の試験管Ａ～Ｄに入れた。図のように，試験管ＡとＢにオオカナダモを入れ，試験管ＢとＤはアルミニウムはくで包んだ。それぞれを日当たりのよい窓際に並べて２時間放置し，溶液の色の変化を調べた。表は，実験とその結果をまとめたものである。

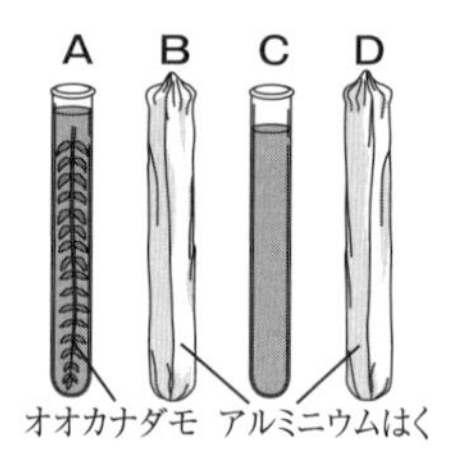

試験管	A	B	C	D
オオカナダモ	入れた	入れた	入れなかった	入れなかった
アルミニウムはく	包まなかった	包んだ	包まなかった	包んだ
溶液の色の変化	青色になった	黄色になった	緑色のままだった	緑色のままだった

(1) この実験の中で，オオカナダモを入れなかった試験管Ｃ，Ｄの実験はどのようなことを証明するために行ったのか，書きなさい。

(2) くもりの日に，同じ実験を行ったところ，試験管ＡのBTB溶液は，２時間放置しても緑色のままだった。その理由を書きなさい。〈青森県〉

ミスの傾向と対策

(1) 試験管C, Dのような実験は対照実験であり，なぜ対照実験を行うのかを理解できていなかったと考えられる。対照実験の意味を再確認しておこう。

(2) 「くもりの日＝光合成が行われなかった」と考えてしまったミスが多かったと思われる。BTB溶液が緑色のままになるのは，光合成による二酸化炭素の吸収量＝呼吸による二酸化炭素の排出量　であることに注意。

解き方

(1) オオカナダモ以外の要素が実験結果に影響しないことを確かめる実験である。

(2) BTB溶液が緑色のままだったのは，光合成による二酸化炭素の吸収量と，呼吸による二酸化炭素の排出量が等しかったためである。

解答

(1)（例）色の変化がオオカナダモのはたらきによるものであること。

(2)（例）光合成の量と呼吸の量がつり合っていたから。

入試必出！ 要点まとめ

■光合成のしくみ

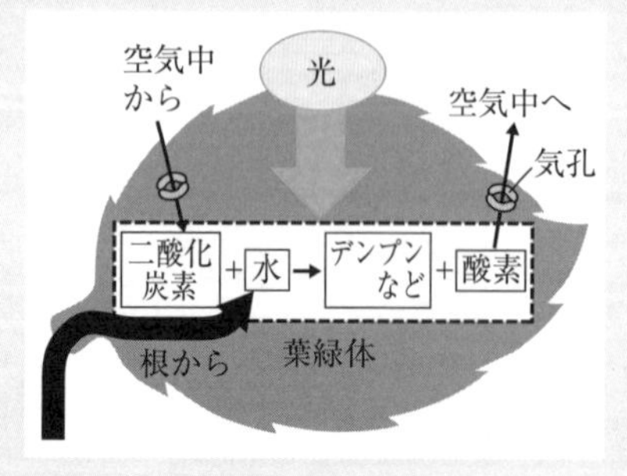

■呼吸のしくみ

デンプンなどの栄養分＋酸素

→　二酸化炭素＋水＋エネルギー

■光合成と呼吸による気体の出入り

● **呼吸＜光合成**

全体としては，二酸化炭素を吸収し，酸素を放出する。

● **呼吸＞光合成**

全体としては，酸素を吸収し，二酸化炭素を放出する。

実力チェック問題

解答・解説 別冊 P. 13

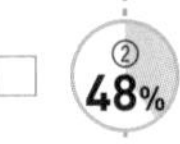

① 47%　② 48%

【実験】
I　1日目の午前9時，図のように，ふ入りのアサガオを入れたAとBの口を閉じ，気体検知管で袋内の酸素の割合を測定した。その後，AとBをつけたままのアサガオを暗室に一昼夜置いた。
II　2日目の午前9時から正午まで日光に当てた。
III　2日目の正午に，袋内の葉にデンプンがあるかないかを調べた。

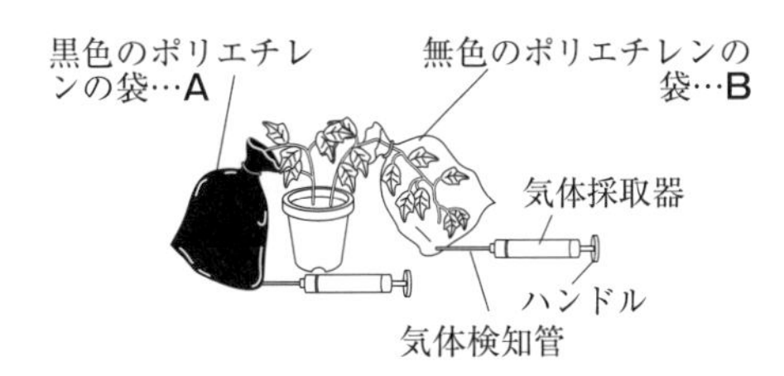

2日目の正午における葉のデンプンの有無

袋	白色の部分	緑色の部分
A	C　なし	D　なし
B	E　なし	F　あり

アサガオの葉でデンプンがつくられるとき，次の①，②を確かめるには，表のC～Fのどれとどれを比べればよいか。ア～カから1つずつ選び，記号で答えなさい。
①日光が必要かどうか　　②緑色の部分が必要かどうか
ア　CとD　　イ　CとE　　ウ　CとF　　エ　DとE　　オ　DとF　　カ　EとF

〈長野県〉

45%

【実験】①A～Dの試験管を用意し，それぞれに同量の水を入れた。AとCには発芽させ光を当ててしばらく育てたカイワレダイコンをそれぞれ同数入れ，BとDにはそれぞれAとCに入れたものと同数のカイワレダイコンを子葉をとり除いて入れた。また，AとCには二酸化炭素を含む呼気をストローで吹き込み，図のようにゴム栓をした。

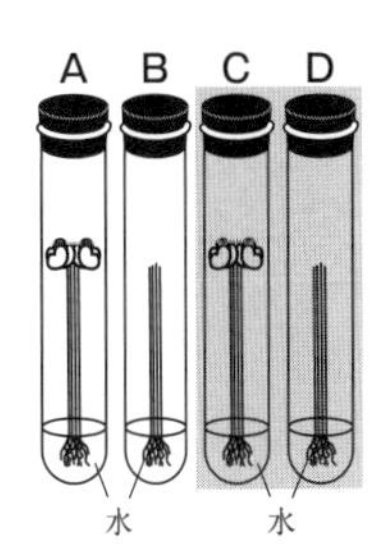

②25℃で，AとBは光を当て，CとDは暗い箱の中に置いた。
③5時間後，ゴム栓をはずし試験管の中の気体が入れかわらないように注意しながら，A～Dに石灰水を少量入れて振り混ぜたところ，Aの石灰水は変化しなかったが，BとCとDの石灰水は白くにごった。
④AとCの中のカイワレダイコンをとり出し，それぞれあたためたエタノールで葉緑体の色を脱色したあと，ヨウ素液をつけた。Aの子葉は青紫色になったが，Cの子葉の色は変化しなかった。また，いずれの茎や根の色も変化しなかった。

実験の結果より確かめられるものとして適切なのは，次のうちではどれか。

ア　③において，Aの試験管の中の石灰水の色が変化しなかったことから，カイワレダイコンの子葉では呼吸が行われなかったことが確かめられる。
イ　③において，BとDの試験管の中の石灰水の色が白くにごったことから，カイワレダイコンの茎と根では光のあるなしにかかわらず呼吸が行われたことが確かめられる。
ウ　④において，Aの試験管の中のカイワレダイコンの子葉が青紫色になったことから，呼吸を行うことなく光合成が行われたことが確かめられる。
エ　④において，Cの試験管の中のカイワレダイコンの子葉の色が変化しなかったことから，呼吸を行うときには光合成が行われないことが確かめられる。

〈東京都〉

生物

生命を維持するはたらき①

例題

正答率 45%

次の文は，ヒトの体内における食物の消化から栄養分の吸収，利用までの過程についてまとめたものであり，図は，関係する器官を模式的に示したものである。図中のaからeの器官を，栄養分が移動する順に記号で書きなさい。

食物は，口や胃などの器官内で複数の酵素のはたらきにより分解される。分解されてできた栄養分のうち，ブドウ糖やアミノ酸は，小腸で柔毛内部の毛細血管に入り，血液によってある器官に運ばれる。そこでは別の物質に変えられたり，たくわえられたりする。その後，必要に応じてそこから血液中に出された栄養分は，心臓から全身の細胞に送られ，細胞の活動や成長に使われる。

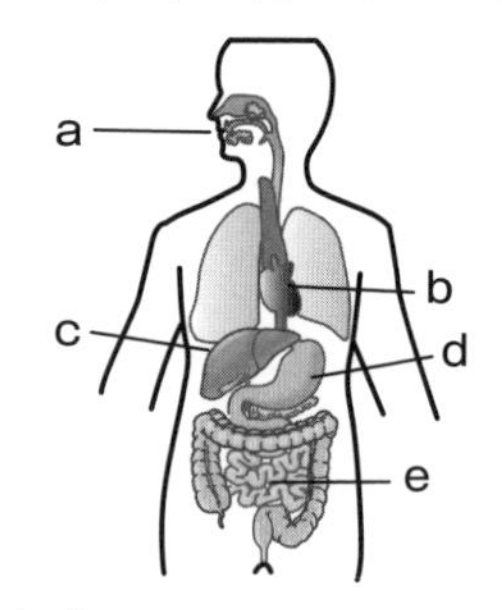

〈栃木県〉

ミスの傾向と対策　「栄養分が移動する順」ということで，上から順に**a→b→c→d→e**としたミスが多かったと考えられる。まずは**a**～**e**の器官が何であるかを明らかにし，まとめの文章に当てはまる器官を順に並べかえるようにしよう。

解き方　**a**は口，**b**は心臓，**c**は肝臓，**d**は胃，**e**は小腸である。まず「口や胃などの」とあるので，**a→d**。次に「小腸で」とあるので，**d→e**。さらに「ある器官に運ばれ～たくわえられ」とあり，ブドウ糖やアミノ酸をたくわえるのは肝臓なので，**e→c**。最後に「心臓から」とあるので，**c→b**。

解答　a→d→e→c→b

入試必出！ 要点まとめ

■ヒトの消化器官と消化液

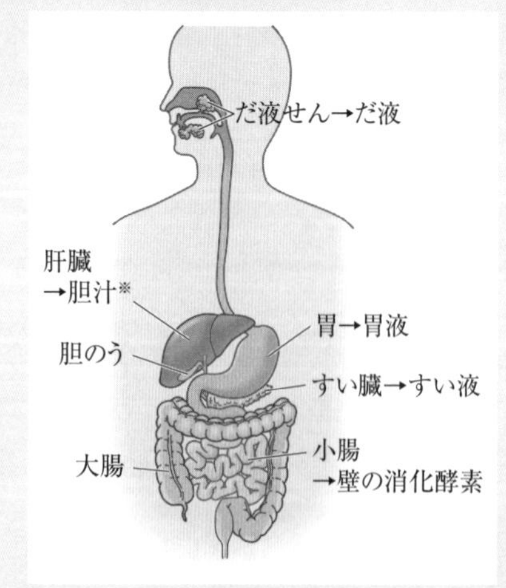

※肝臓で分泌されて胆のうにためられる。消化酵素は含まれないが，脂肪の分解を助けるはたらきがある。

■消化と吸収

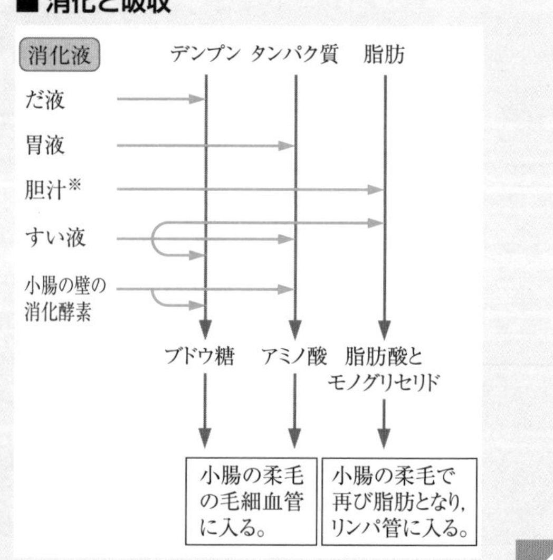

1

①49%　②29%

次の文の[①], [②]に当てはまる語句を書きなさい。

ヒトの消化液の多くは，消化酵素を含んでおり，そのはたらきで食物を消化するが，中には消化酵素を含まない消化液もある。肝臓でつくられる[①]は，消化酵素を含まない消化液であるが，食物に含まれる有機物の１つである[②]の消化を助けるはたらきがある。〈北海道〉

2

39%

消費者は，有機物として炭素を体内にとり入れている。有機物である炭水化物，脂肪，タンパク質が，消費者であるヒトのからだの中で消化され，吸収される過程について調べた。右の図は，調べたことをもとに，消化についてまとめた模式図である。

図について，脂肪やタンパク質は，だ液中の消化酵素によっては分解されない。また，デンプンの分解の過程では，小腸の壁の消化酵素は，ブドウ糖が２つ結びついた物質だけを分解する。これらのことは，消化酵素の性質によるものであるが，その性質とはどのようなものか，書きなさい。〈山形県〉

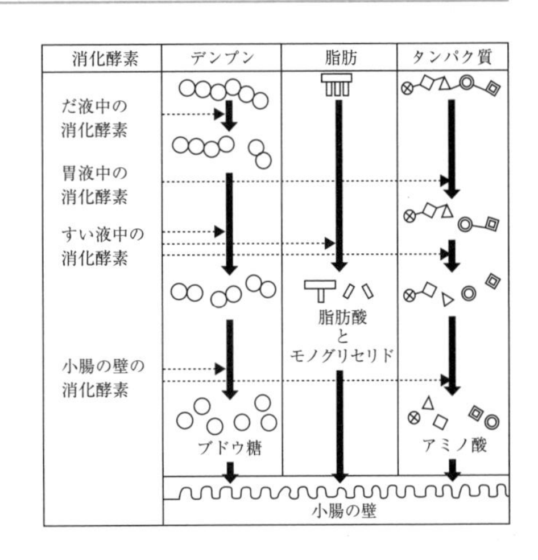

3

差がつく!! 16%

1．食物の通り道は消化管と呼ばれ，口から食道，胃，小腸，大腸，肛門までの１本の長い管になっている。

2．消化管には，だ液せん，肝臓，胆のう，すい臓などの器官がつながっている。

3．ヒトの場合，１と２の器官は，図のように表すことができる。

4．食物は，消化管を通っていく間に，消化液などのはたらきにより体内に吸収されやすい物質に変えられていく。

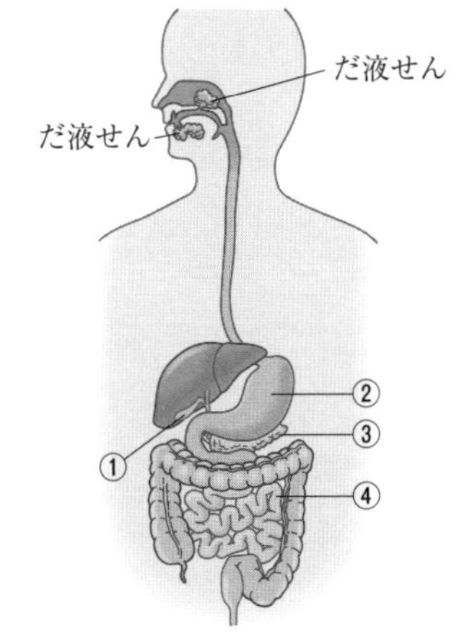

図の①～④の器官のはたらきを説明したものとして正しいものを，次の**ア**～**エ**の中からすべて選び，記号で答えなさい。

ア　①は，消化酵素を含まないが脂肪の消化を助ける液を出す。

イ　②は，デンプンにはたらく消化酵素とタンパク質にはたらく消化酵素を含む液を出す。

ウ　③は，デンプンにはたらく消化酵素，タンパク質にはたらく消化酵素，脂肪にはたらく消化酵素を含む液を出す。

エ　④は，内側の壁にある柔毛から，消化されてできた物質を吸収する。〈埼玉県〉

生命を維持するはたらき②

例題

正答率 (1) 40% (2) 48%

(1) 右の図はヒトの心臓を中心とした血液の循環の経路を模式的に表したものである。図中の**a**～**d**の血管の中で，動脈血が流れている血管の組み合わせとして正しいものを，**ア**～**エ**から選び，記号で答えなさい。

ア a，c　**イ** a，d
ウ b，c　**エ** b，d

〈長崎県〉

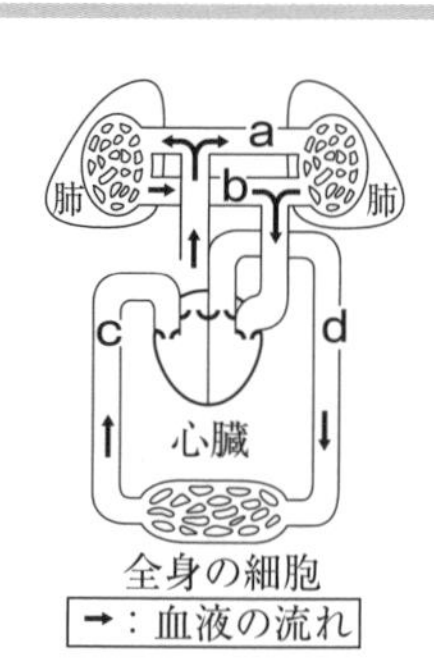

(2) 血液が，えらや肺から酸素を運び，からだのすみずみで細胞へ渡すことができるのは，ヘモグロビンの性質が，酸素の多いところと少ないところで異なるからである。「酸素の多いところ」と「酸素の少ないところ」でのヘモグロビンの性質を，それぞれ簡単に書きなさい。

〈愛媛県〉

ミスの傾向と対策

(1) 動脈血を，動脈を流れる血液と間違えて，**イ**の**a**，**d**と答えたミスが多かったと考えられる。動脈血とは，酸素を多く含んだ血液であることに注意する。

(2) ヘモグロビンの性質はわかっているが，それを文章にうまくまとめられなかったと考えられる。簡潔に文章にまとめる練習をしておくこと。

解き方

(1) 酸素を多く含んだ動脈血が流れるのは，肺静脈（**b**）と大動脈（**d**）。

(2) ヘモグロビンは，酸素が多いと酸素と結びつき，酸素が少ないと酸素をはなす。

解答

(1) エ

(2) 酸素の多いところ…(例)酸素と結びつく性質。　酸素の少ないところ……(例)酸素をはなす性質。

入試必出！ 要点まとめ

■ 肺胞での気体の出入り

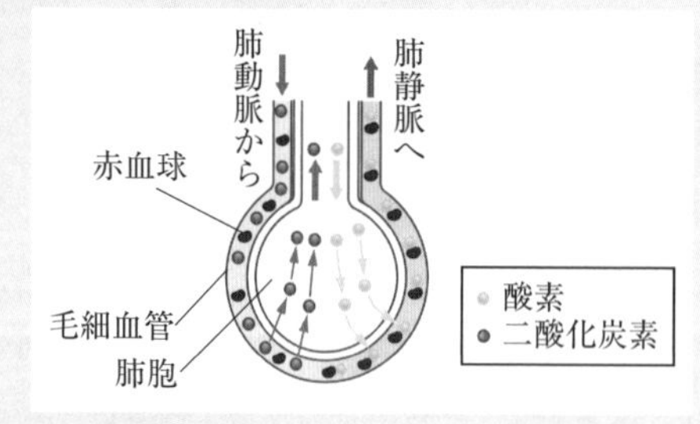

■ 血液循環

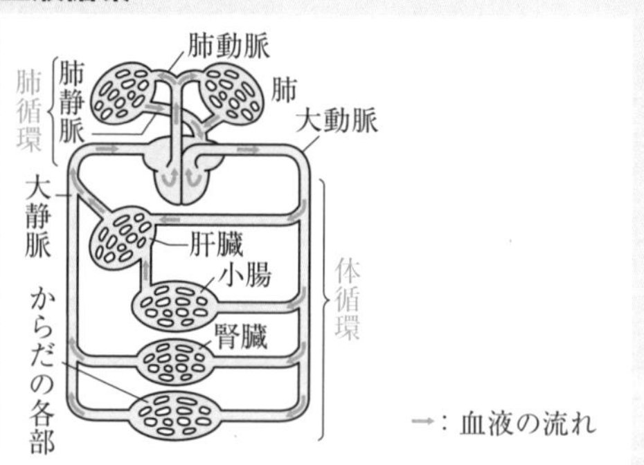

■ 血液の成分

- **赤血球**…ヘモグロビンを含み，酸素を運ぶ。
- **白血球**…異物や細菌などをとり除く。
- **血小板**…出血したとき，血液を固める。
- **血しょう**…栄養分や水分，不要物や二酸化炭素を運ぶ。
- **組織液**…毛細血管からしみ出した血しょうの一部。細胞のまわりを満たす。

■ 排出

細胞の活動でできたアンモニア（有害）
↓
肝臓…アンモニアを尿素（害が少ない）に変える。
↓
腎臓…尿素をこしとる。
↓
ぼうこうにためられ，尿として排出される。

実力チェック問題

解答・解説 別冊 P. 14

1 49%

細胞の活動で生じた有害なアンモニアは，肝臓で害の少ない尿素に変えられる。肝臓から血液によって運び出された尿素は，おもにどの器官でどのようにして血液から除かれるか，簡単に書きなさい。

〈栃木県〉

2

【観察】①水槽にヒメダカを入れ，泳ぐようすを観察した。ヒメダカのからだの中央には，体表を透かして背骨が見えた。ヒメダカは胴や尾びれなどを動かして泳いでいた。

②ヒメダカを水槽から出し，チャック付きのポリエチレン袋に少量の水とともに入れた。尾びれの部分を顕微鏡で観察すると，図のように骨と細い血管が見られた。その血管の中を赤血球が流れているのが見られた。

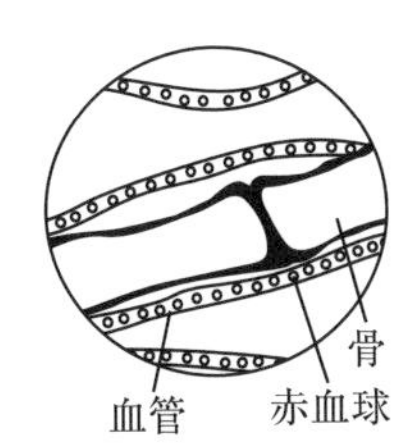

ヒメダカのからだの中で酸素が運ばれる過程について，次の問いに答えなさい。

45% (1) 酸素が血液によって運ばれるときに，酸素が多いえらの血管の中ではどのような変化が起こるか。赤血球，ヘモグロビンという２つの語句を用いて書きなさい。

27% (2) 酸素が少ないからだの中の各部分では，酸素はどのようにして毛細血管から細胞にあたえられるか。ヘモグロビン，組織液という２つの語句を用いて書きなさい。

〈福島県〉

3

右の図はヒトのからだの循環系を模式的に示している。図中のA～Iは，からだのそれぞれの部分を結ぶ血管を示す。

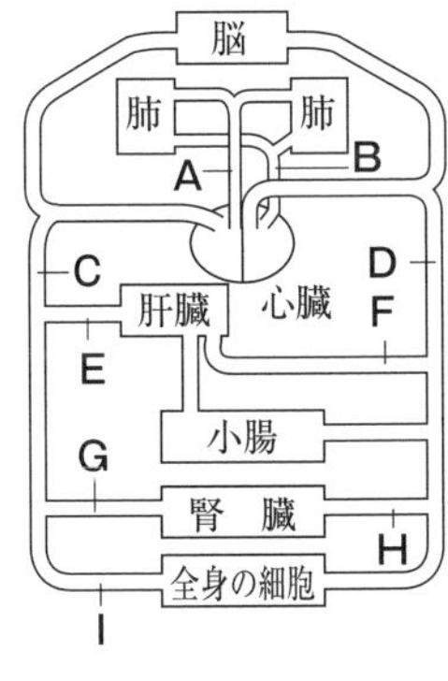

32% (1) 血管Iを流れる血液中のアンモニアは，からだのある部分で尿素に変えられる。その部分にアンモニアが運ばれる血液の流れを，血管A～Iを用いて表したものを1つ選び，記号で答えなさい。

ア　I→E　　イ　I→C→A→B→D→F

ウ　I→G　　エ　I→C→A→B→D→H

差がつく!! 10% (2) からだから排出される尿は，汗をたくさんかいたあとでは，尿素などの不要な物質の濃度がこくなる。その理由を説明しなさい。

〈宮城県〉

4 差がつく!! 17%

ヒトは，からだの中にとり込まれた酸素を，おもにどのように利用しているか。「栄養分」という語句を使って，簡潔に書きなさい。

〈佐賀県〉

生物

刺激と反応

例題

正答率 (1) 28% (2) 46%

(1) ヒトの刺激に対する反応の説明として正しいものは，次のどれか。

ア　ひとみの大きさは，網膜からの信号を脳で選別・判断して，意識的に変えることができる。

イ　無意識に起こる反応では，感覚器官が受けとった刺激による信号は，脳にも伝えられる。

ウ　意識した反応よりも，無意識の反応のほうが，刺激を受けてから反応までの時間が長い。

エ　目で受けとった刺激は信号に変えられて，運動神経を通じて脳や脊髄へ伝えられる。

(2) 筋肉による腕の曲げのばしのしくみを説明した次の文の（　　）に適語を入れ，文を完成させなさい。

腕を内側に曲げるときは，内側の筋肉が（　①　），外側の筋肉が（　②　）ことで，骨と骨のつなぎ目である（　③　）で曲がる。

〈長崎県〉

ミスの傾向と対策

(1)「無意識に起こる反応＝脳は関与しない」と考えて**イ**を誤りとしたミスが多かったと考えられる。最終的には脳にも信号が伝わることを確認しておこう。

(2) ①を「ゆるみ」，②を「縮む（収縮する）」としたミスが多かったと考えられる。自分の腕をさわって曲げのばしのしくみを理解しておこう。

解き方

(1) **ア**：無意識に起こる反応（反射）。**ウ**：無意識の反応のほうが反応時間は短い。**エ**：目（感覚器官）からの刺激の信号は，感覚神経（視神経）を通じて伝えられる。

(2) 内側の筋肉が縮み，外側の筋肉がゆるむと，腕は関節で内側に曲がる。

解答

(1) イ

(2) ① 縮み　② ゆるむ　③ 関節

入試必出！ 要点まとめ

■ 感覚器官

● **目**…光を刺激として受けとる。

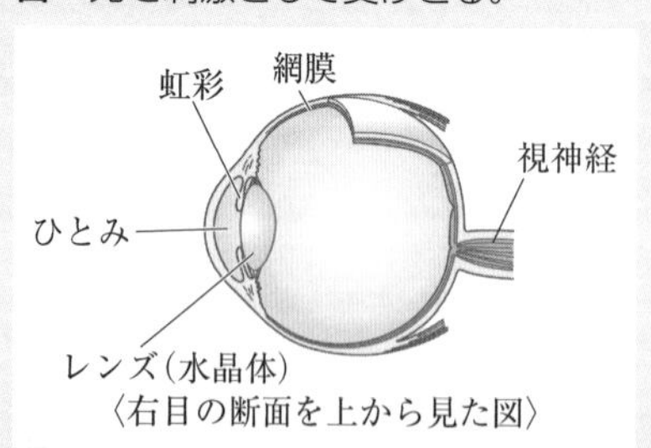

〈右目の断面を上から見た図〉

● **耳**…音などを刺激として受けとる。

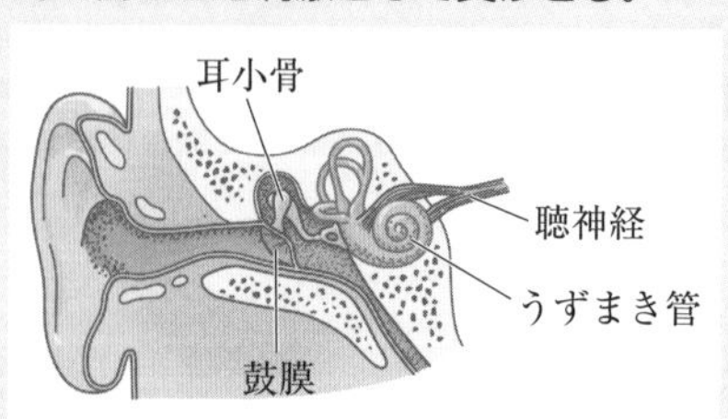

■ 反応の経路

刺激 ⇨ 感覚器官（目・耳・皮膚など） →感覚神経→ 中枢神経（脳や脊髄） →運動神経→ 筋肉 ⇨ 反応

● **反射**…刺激に対して意識とは無関係に起こる反応。意識して行う反応よりも，反応時間が短い。

実力チェック問題

解答・解説 別冊 P. 14

1 差がつく!! 21%

【実験】①右の図のように，11人で背中合わせに手をつないで輪になった。

②最初の人は，ストップウォッチをスタートさせると同時に，となりの人の手をにぎった。手をにぎられた人は，さらにとなりの人の手をにぎり，これを手を見ないようにして次々に行った。

③最後の人は，最初の人からすぐにストップウォッチを受けとり，自分の手がにぎられたらストップウォッチを止めた。

最後の人　ストップウォッチ　最初の人

④計測した時間を，刺激や命令の信号が伝わる時間として記録した。

⑤①～④を4回行い，平均値を求めた。

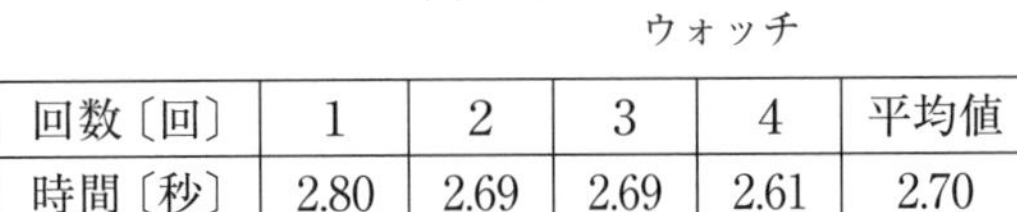

回数〔回〕	1	2	3	4	平均値
時間〔秒〕	2.80	2.69	2.69	2.61	2.70

1人の人の右手から左手まで信号が伝わる経路の距離を1.5mとしたとき，右手から左手まで信号が伝わる平均の速さは何m/sになるか。表の平均値をもとに求めなさい。ただし，答えは，小数第2位を四捨五入して求めなさい。なお，最初の人は，スタートと同時にとなりの人の手をにぎるので，計算する際の数には入れないものとする。

〈宮崎県〉

2

次の実験Ⅰ，Ⅱを行った。

【実験Ⅰ】水槽にメダカを入れ，メダカの動きが落ち着くのを待ってから，**図1**のように，水槽にすばやく手を近づけたところ，メダカは近づけた手とは反対側に泳いだ。

【実験Ⅱ】メダカを入れた水槽のまわりに縦じま模様の紙をつるし，メダカの動きが落ち着くのを待ってから，**図2**のように，縦じま模様の紙を矢印の向きに静かに動かしたところ，メダカは紙の動きと同じ向きに泳いだ。

図1

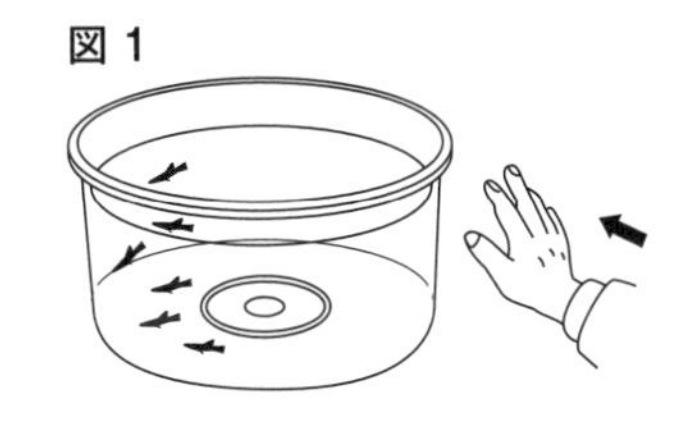

図2

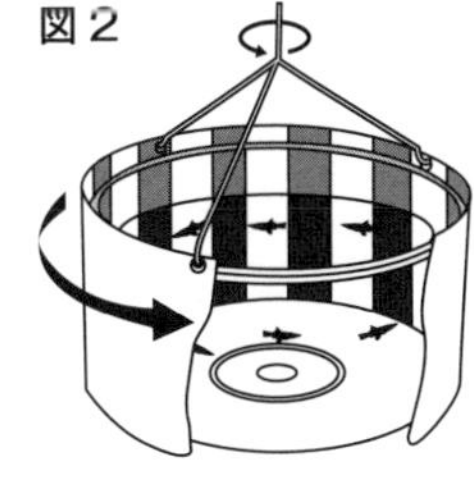

36% (1) 実験Ⅰ，Ⅱで，どちらも下線部の状態になるのを待ってから実験を行ったのは何のためか，「反応」という語句を用いて，「メダカの動きが」という書き出しに続けて書きなさい。

40% (2) 実験Ⅰ，Ⅱで，メダカは，どちらも同じ感覚器官で刺激を受けとって反応している。その感覚器官の名称と，受けとる刺激の種類を，次の例にならって書きなさい。

(例) 鼻でにおいの刺激を受けとって反応した。

〈秋田県〉

生物

細胞分裂と生物の成長

例題

正答率 差がつく!! 12%

右の図は，タマネギの根の細胞が分裂するとき，1個の細胞が2個の細胞に分かれることを表した模式図である。分裂の前後で，細胞1個に含まれる染色体の数の比はいくらになるか，次から1つ選び，記号で答えなさい。また，その比になるのはなぜか，染色体の分かれ方をもとに，その理由を書きなさい。

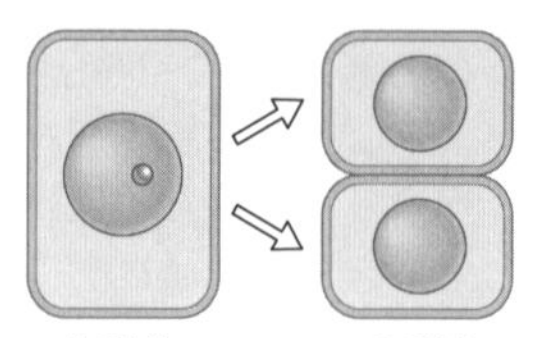

ア　2：1　　イ　1：1　　ウ　1：2

〈秋田県〉

ミスの傾向と対策　染色体の数の比は正しく答えられたが，その理由を文章で説明するのが難しかったため，正答率が低かったと考えられる。細胞分裂前に複製されて2本ずつになった染色体が，細胞分裂によって2等分され，両端に分かれていくことを思い出そう。また，文章記述の練習も欠かせない。

解き方　体細胞分裂では，分裂の前後で染色体の数は変わらないので，1：1である。これは，複製され，2本ずつくっついた状態になった染色体が細胞分裂が始まると1本ずつに分かれ，それぞれが別の細胞に入るためである。

解答　**記号…イ**
理由…(例)2本ずつくっついた染色体が分裂によって2等分されるから。

入試必出! 要点まとめ

■ **細胞分裂**
● 植物の細胞

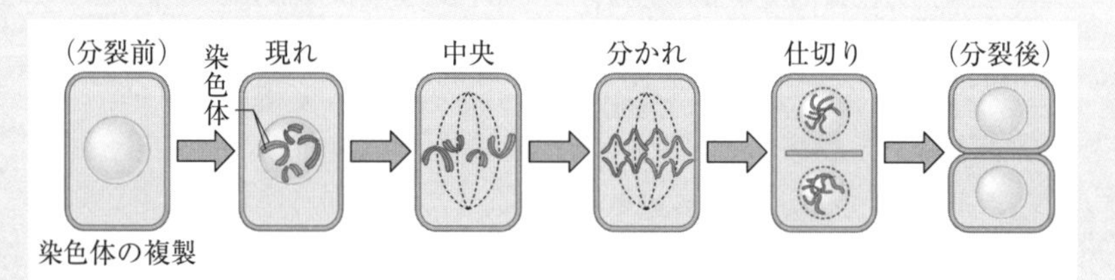

● 動物の細胞では，「仕切り」の代わりに「くびれ」ができる。
● 染色体の数は，分裂の前後で同じ。

■ **生物の成長のしくみ**
① 細胞分裂によって，細胞の数がふえる。
② ふえた細胞の1つ1つが，もとの大きさまで成長する。

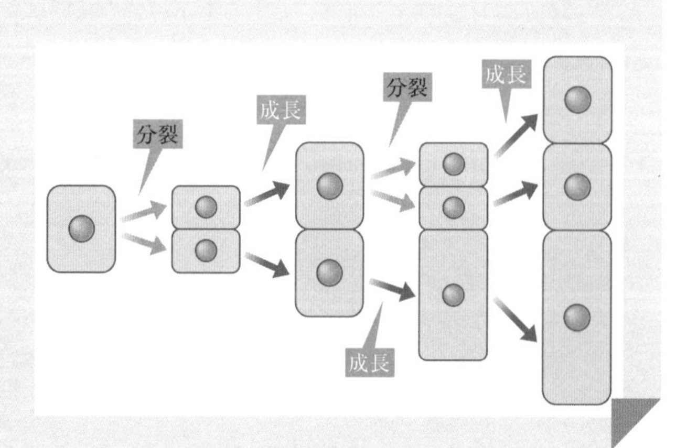

1

【観察】①**図1**のように，タマネギの根からその先端の部分1cmを切りとり，細胞1つ1つをはなれやすくする処理を行った。
②**図2**のように，①において切りとって処理をした根から，根もとに近い部分2mmと，根の先端の部分2mmをそれぞれ切りとった。

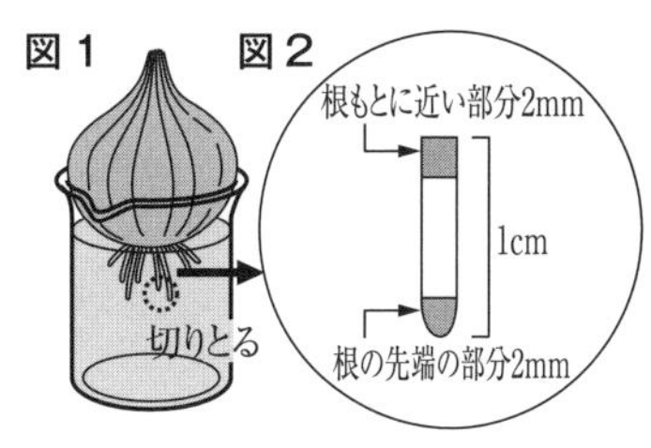

③それぞれ別のスライドガラスにのせ，柄つき針でつぶし，酢酸カーミン液をたらした。
④数分間置いた2枚のスライドガラスに，それぞれカバーガラスをかけ，その上にろ紙をかぶせて，上から押しつぶした。これらのプレパラートを，プレパラート**A**，**B**とした。
⑤プレパラート**A**，**B**について，顕微鏡の視野の中に観察される細胞の数と，その中に含まれる細胞分裂の途中の細胞の数を調べた。

【結果】

	プレパラートA	プレパラートB
視野の中に観察された細胞の数	150個	61個
細胞分裂の途中の細胞の数	13個	0個

47%
(1) 次の文の中の**a**，**b**に当てはまるものは何か。それぞれ**ア**～**ウ**から1つずつ選びなさい。
タマネギの根の細胞分裂において，細胞分裂の前に比べてあとでは，1個の細胞に含まれる染色体の数は**a**｛**ア** 半分になる　**イ** 変わらない　**ウ** 2倍になる｝。動物の卵や精子がつくられるときの細胞分裂において，細胞分裂の前に比べてあとでは，1個の細胞に含まれる染色体の数は**b**｛**ア** 半分になる　**イ** 変わらない　**ウ** 2倍になる｝。

絶対落とすな!! 記号 83%　理由 28%
(2) **図2**で示した根の先端の部分2mmを用いてつくったプレパラートはどれか。**A**か**B**のどちらかを選びなさい。また，その理由を，結果の表をもとに2つ書きなさい。ただし，理由の1つは，「視野の中に観察された細胞の数が」という書き出しに続けて書きなさい。

〈福島県〉

2

【観察】①オオカナダモの根を先端から5mmほど切りとり，60℃のうすい塩酸に入れて3分間あたためたあと，染色してプレパラートをつくった。
②600倍で観察すると，細胞分裂の前や途中の細胞が見えたので，スケッチした。そのスケッチから右の図の**A**～**F**を抜き出した。

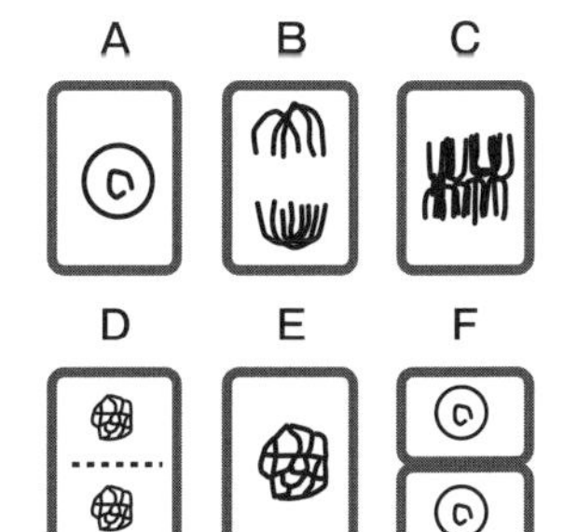

47%
(1) 図の細胞が細胞分裂の順になるように，**A**をはじめにして**B**～**F**を左から書きなさい。

F 41%
(2) 複製が行われる前の**A**の細胞に含まれる染色体の数をPとしたとき，**B**と**F**の細胞1個に含まれる染色体の数を，Pを使ってそれぞれ表しなさい。ただし，**A**の細胞は，細胞分裂の準備が始まる前の細胞とする。

〈長野県・改〉

生物

生物のふえ方，遺伝

例題

正答率 32%

右の図は，ある被子植物の生殖のようすを模式的に表したものである。
この植物の生殖細胞P，卵細胞，種子中の胚について，各細胞1個の核内にある染色体の数をそれぞれa，b，cとしたとき，その関係を正しく表しているものは，次のどれか。1つ選び，記号で答えなさい。

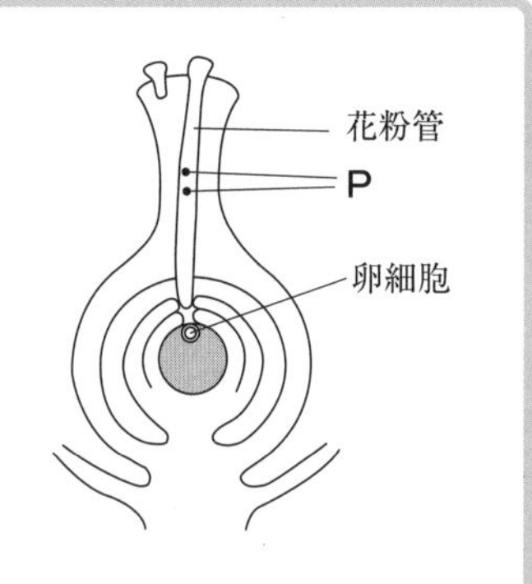

ア　$a=b=c$　　**イ**　$a+b=c$

ウ　$\frac{1}{2}a+\frac{1}{2}b=c$　　**エ**　$2a+2b=c$

〈長崎県〉

ミスの傾向と対策　生殖細胞であるPと卵細胞の染色体数は，体細胞の半分であることから，**ウ**を選んだミスが多かったと考えられる。問題文に「各細胞1個の核内にある染色体の数をそれぞれa，b，cとしたとき」とあるので，減数分裂してできた生殖細胞の染色体の数がa，bであることに注意する。

解き方　「各細胞1個の核内にある染色体の数をそれぞれa，b，cとしたとき」とあるので，染色体の数は，生殖細胞Pはa，卵細胞はb，胚はcである。生殖細胞Pは精細胞であり，精細胞の核と卵細胞の核が合体して受精卵となり成長して胚になるので，**イ**の$a+b=c$が正しい。

解答　イ

入試必出！ 要点まとめ

■生殖と発生

- **減数分裂**…卵や精子，卵細胞や精細胞などの生殖細胞ができるときに行われる特別な細胞分裂。分裂後，染色体の数は体細胞の染色体の数の半分になる。

■遺伝の規則性

- **対立形質**…エンドウの種子の丸形としわ形のように，同時に現れない2つの対になる形質。
- 対立形質をもつ純系どうしをかけ合わせたとき，子に現れる形質を顕性形質，子に現れない形質を潜性形質という。
- **分離の法則**…減数分裂によって生殖細胞がつくられるとき，対になっている遺伝子が，別々の生殖細胞に分かれて入ること。

■無性生殖

- 受精を行わずに子をつくる生殖。
- 出芽，分裂，栄養生殖など。
- 親の遺伝子をそのまま受けつぎ，親と同じ形質の子ができる。

■有性生殖

- 生殖細胞が受精することで子をつくる生殖。
- 両方の親の遺伝子をそれぞれ受けつぐため，親とは異なった形質の子ができることもある。

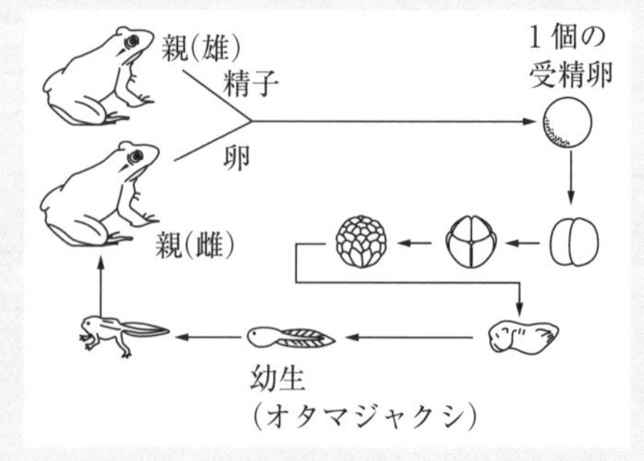

実力チェック問題

解答・解説 別冊 P. 15

1 45%

ジャガイモの栽培では，無性生殖を利用し，イモが大きい，病気に強いなどの，もとの個体の形質をそのまま新しい個体に受けつがせる方法が用いられることが多い。この方法を用いることで，新しい個体にもとの個体と同じ形質が現れる理由を，無性生殖のしくみをふまえて，簡潔に書きなさい。

〈山形県〉

2 37%

右の図は，ヒキガエルの受精卵が発生するようすの模式図である。

ヒキガエルの受精卵，右の図の細胞**A**，ヒキガエルの皮膚の細胞の染色体の数を比較したグラフとして適切なものを，次の**ア**～**エ**から1つ選んで，その記号を書きなさい。

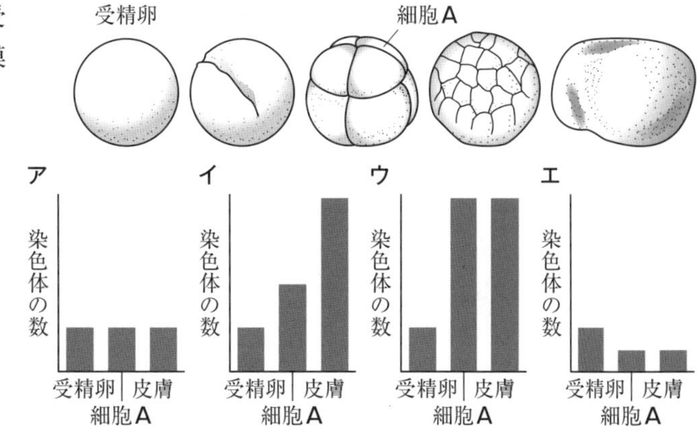

〈兵庫県〉

3

エンドウには，子葉が黄色の種子と緑色の種子があり，黄色が顕性形質で緑色が潜性形質である。遺伝の規則性を調べるために，エンドウを使って，次の実験Ⅰ，Ⅱを順に行った。

【実験Ⅰ】子葉が黄色である純系の花粉を，子葉が緑色である純系のめしべに受粉させて多数の子をつくった。図はこのことを模式的に表したものである。ただし，子の子葉の色は示していない。

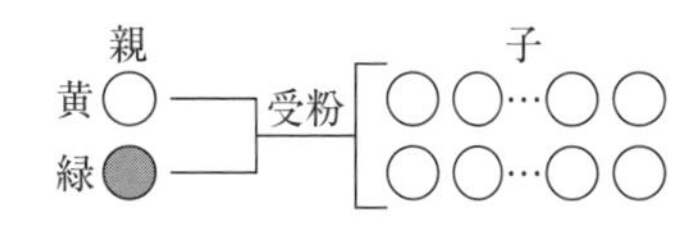

【実験Ⅱ】実験Ⅰでできた子を育て，自家受粉させて多数の孫をつくった。

49%

(1) 実験Ⅰにおいて，子に当たる種子についての説明として正しいものはどれか。

ア　子葉が黄色の種子と緑色の種子は1：1の割合でできた。
イ　子葉が黄色の種子と緑色の種子は2：1の割合でできた。
ウ　子葉が黄色の種子と緑色の種子は3：1の割合でできた。
エ　すべて子葉が黄色の種子になり，緑色の種子はできなかった。

差がつく!! 9%

(2) 次の文章は，実験Ⅱでできた孫に当たる種子の子葉の色と遺伝子について述べたものである。(　　)に当てはまる数は，下の**ア**，**イ**，**ウ**，**エ**のうちどれか。

孫に当たる種子が8000個できるとすると，そのうち子葉を緑色にする遺伝子をもつ種子は約(　　)個であると考えられる。

ア　2000　　**イ**　3000　　**ウ**　4000　　**エ**　6000

〈栃木県〉

火山活動と火成岩

例題

正答率 46%

火山灰の粒をルーペで観察したところ，石英や長石など無色鉱物がほとんどで，角セン石などの有色鉱物が少なかった。この火山灰を噴出した当時の火山の形を模式的に示しているのは，**ア**，**イ**のどちらか。また，その形に近い火山は，**ウ**，**エ**のどちらか。それぞれ1つずつ選び，記号で答えなさい。

火山の形
ア　イ

火山
ウ　三原山（伊豆大島）　**エ**　有珠山

〈秋田県〉

火山灰に含まれる鉱物の割合と火山の形の関係は理解できていたが，選択肢の火山がどの形の代表例であるかがわからなかったため，ミスしてしまったと考えられる。火山の形とマグマのねばりけ，鉱物の割合の関係は，表にまとめるなどして正確に理解しておくこと。また，代表的な火山の名前も必ずおさえておこう。

解き方　無色鉱物がほとんどであったことから，観察した火山灰を噴出した火山は，マグマのねばりけが大きく，激しい噴火をしたと考えられる。マグマのねばりけが大きいと，火山は**イ**のようなドーム状の形になる。このような形をしているのは，**エ**の有珠山である。**ウ**の三原山(伊豆大島)は，傾斜のゆるやかな火山である。

解答　**火山の形…イ　その形に近い火山…エ**

入試必出！ 要点まとめ

■ 火山とマグマのねばりけ

- ねばりけが大きい(強い)⇒激しい噴火，溶岩や火山噴出物が白っぽい，ドーム状の形(例：昭和新山，雲仙普賢岳)
- ねばりけが小さい(弱い)⇒おだやかな噴火，溶岩や火山噴出物が黒っぽい，傾斜のゆるやかな形(例：キラウェア)

■ 火成岩のつくり

- **火山岩**…マグマが地表または地表付近で急に冷えて固まってできる。　⇒斑状組織
- **深成岩**…マグマが地下深くでゆっくりと冷えて固まってできる。　⇒等粒状組織

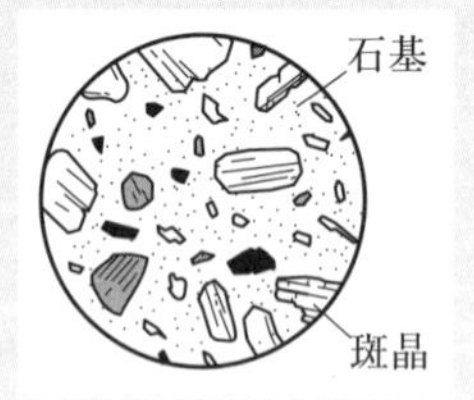

斑状組織

等粒状組織

■ 火成岩の種類

火成岩の色	白っぽい ⇐⇒ 黒っぽい		
□無色鉱物 □有色鉱物	石英 黒雲母	長石 角セン石 その他	輝石 カンラン石
火山岩(斑状組織)	流紋岩	安山岩	玄武岩
深成岩(等粒状組織)	花こう岩	せん緑岩	斑れい岩

実力チェック問題

解答・解説 別冊 P. 16

1 37%

川原で採集した多数の火成岩のうち，白っぽい色をした火成岩**A**，**B**と，黒っぽい色をした火成岩**C**，**D**を用いて，次の観察を行った。

【観察】 **A**～**D**のつくりをそれぞれ観察したところ，**A**と**C**はいずれも，肉眼では形がわからないほど小さな粒からなる部分と，まばらに含まれる比較的大きな鉱物の部分からできており，**B**と**D**はいずれも，比較的大きな鉱物だけでできていることがわかった。

次の文の｛　｝①，②に当てはまるものを，**ア**，**イ**からそれぞれ選びなさい。また，[③]に当てはまるものを，**A**～**D**の記号で書きなさい。

火成岩の色から，火成岩となったマグマの①｛**ア**　冷え方　　**イ**　ねばりけの大きさ（強さ）｝がわかり，また，火成岩のつくりから，火成岩となったマグマの②｛**ア**　冷え方　**イ**　ねばりけの大きさ（強さ）｝がわかる。これらのことから考えると，火成岩**A**～**D**のうち，ねばりけの大きい（強い）マグマが急に冷えてできたのは，火成岩[③]であることがわかる。

〈北海道〉

2

Sさんは，科学発表会で「火山とその噴出物」をテーマに発表した。**図1**は，火山の形を示した模式図，**図2**は，ルーペで観察した火山岩のスケッチとその火山岩を採集した火山のようすを示した模式図である。

図1

A

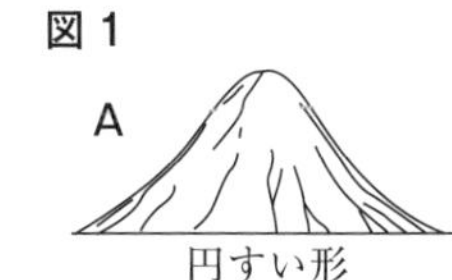

円すい形

B

ドーム状の形

C

傾斜がゆるやかな形

図2

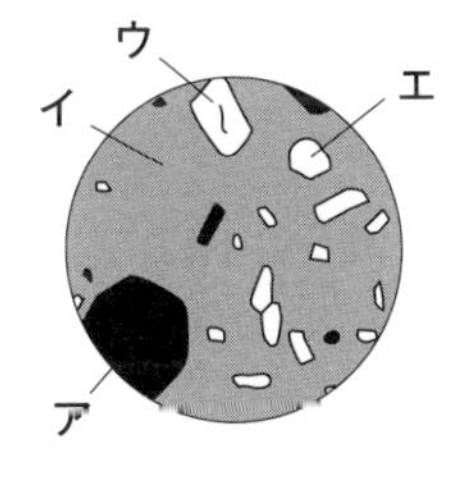

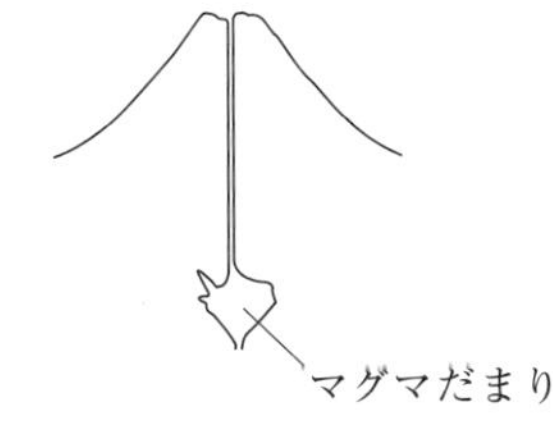

29%

(1) 次の文は，**図1**の**A**～**C**のいずれかの火山について説明したものである。文中の[a]に入る火山を**A**～**C**のうちから1つ選び，記号で答えなさい。また，[b]に入る最も適当な言葉を漢字で書きなさい。

図1の[a]の火山は，マグマのねばりけが最も大きく，激しい爆発をともなう噴火を起こすことが多い。そのマグマが冷えてできた溶岩は，角セン石や黒雲母などの黒っぽい[b]鉱物が少ないため白っぽく見える。

40%

(2) **図2**の**ア**～**エ**のうちで，マグマだまりでマグマがゆっくりと冷えて固まったものをすべて選び，記号で答えなさい。

〈千葉県〉

地震の伝わり方と地球内部のはたらき

例題

正答率 差がつく!! 22%

右の図は，ある地震のP波およびS波が到着した時刻と震源からの距離との関係を表したグラフである。この地震で，震源から270kmはなれた地点にP波が到着した時刻は8時何分何秒か，求めなさい。ただし，P波が伝わる速さは一定とする。

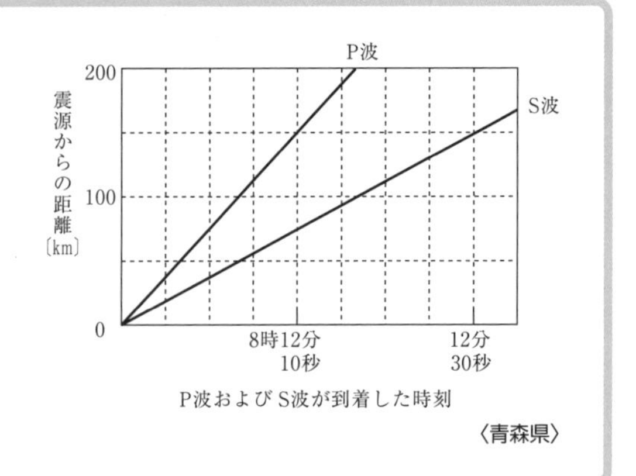

〈青森県〉

ミスの傾向と対策

問題の図の見方が理解できておらず，地震発生時刻をグラフから読みとれなかったためにミスをしたと考えられる。震源は震源からの距離が0kmの地点であること，地震が起こると速さの異なるP波とS波が同時に震源で発生することを思い出しながらグラフを見てみると，地震発生時刻は8時11分50秒とわかる。

解き方　グラフより，地震発生時刻は，8時11分50秒である。また，P波は震源からの距離が150kmの地点に20秒後に到着していることから，270kmにP波が到着するまでの時間をxsとすると，150km：20s＝270km：xs　$x=36$
よって，8時12分26秒である。

解答　**8時12分26秒**

入試必出! 要点まとめ

■ 地震のゆれ

- 震源で発生したP波とS波がほぼ一定の速さで伝わっていく。
- **初期微動**…P波による，はじめの小さなゆれ。
- **主要動**……S波による，初期微動のあとにくる大きなゆれ。
- **初期微動継続時間**…P波とS波の到着時刻の差。震源からの距離に比例する。

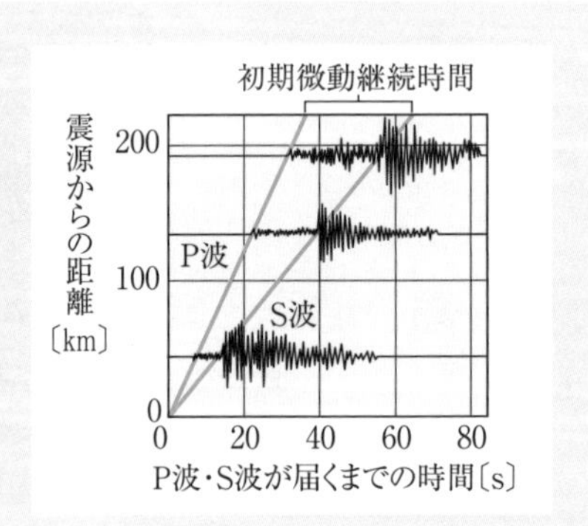

■ 海溝型地震の起こるしくみ

- 日本付近では，海洋プレートが大陸プレートの下に沈み込むときに生じるひずみに，大陸プレートが耐えきれなくなって反発することで，大地震が起こる。
- プレートの境目付近で地震が発生しやすい。

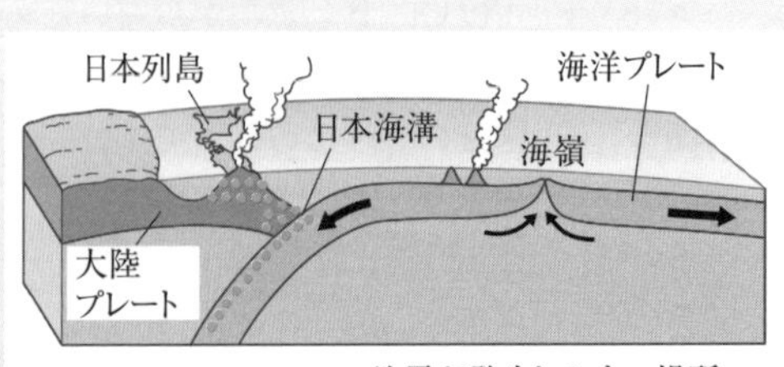

• 地震が発生しやすい場所

実力チェック問題

解答・解説 別冊 P. 16

1

地震について調べるため，次の調査を行った。

図書館で地震の記録を調べた。
表は，そのとき見つけた，ある日，ある地点で発生した地震の記録である。

地点	震源からの距離	初期微動が始まった時刻	主要動が始まった時刻
A	24km	9時30分01秒	9時30分04秒
B	48km	9時30分04秒	9時30分10秒
C	72km	9時30分07秒	9時30分16秒

82% (1) 表で，地点Bの初期微動継続時間は何秒か，求めなさい。

49% (2) 表で，初期微動継続時間がx秒の地点における震源からの距離を，xを使って表しなさい。

差がつく!! 22% (3) 表で，震源からの距離が120kmの地点にいる人が，この地震の緊急地震速報を，その日の9時30分10秒に聞いた。この地点で主要動が始まったのは，緊急地震速報を聞いてから何秒後か，求めなさい。

〈大分県〉

2

東北地方で起きたある地震のゆれを，**図1**の**A**～**D**で観測し，初期微動と主要動の開始時刻を下の表にまとめた。

観測点	初期微動の開始時刻	主要動の開始時刻
A	7時13分49秒	7時14分02秒
B	7時13分44秒	7時13分53秒
C	7時13分41秒	7時13分48秒
D	7時13分35秒	7時13分37秒

（気象庁地震の資料より作成）

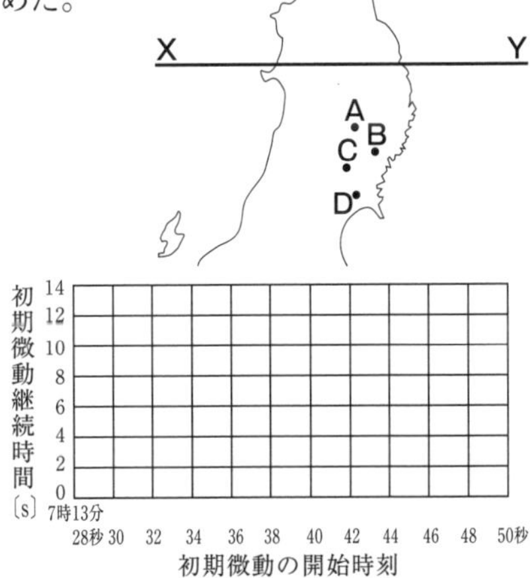

41% (1) 観測点**A**～**D**における初期微動の開始時刻と，初期微動継続時間（初期微動と主要動の到着時刻の差）の関係を表すグラフを，右の図にかき入れなさい。

差がつく!! 13% (2) **図2**は，**図1**の線**X**－**Y**に沿った断面内周辺で，2003年から2007年まで起きたマグニチュード3.0以上の地震の震源を黒い点（•）で示している。**図2**の**Z**のように，震源が帯状に分布している理由を説明しなさい。

〈宮城県〉

図2

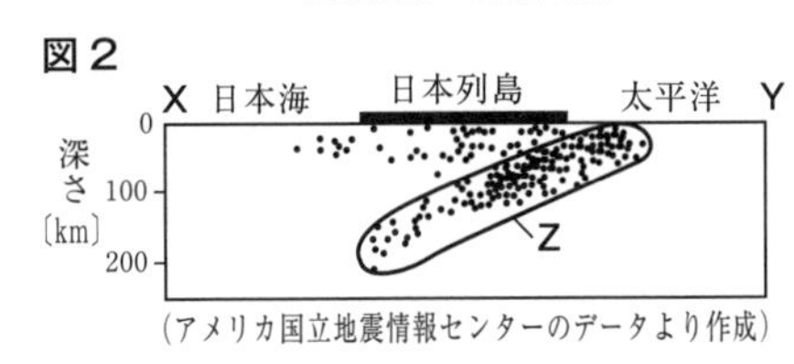

（アメリカ国立地震情報センターのデータより作成）

地学

地層の重なりと過去のようす

例題

正答率

30%

地点Ⅰ，Ⅱで，火山灰などが固まってできた凝灰岩を含む地層が観察された。図は，地点Ⅰ，Ⅱで観察した地層の一部を表したものである。**B**と**C**の凝灰岩の層は同じもので，地層の上下の入れかわりはないものとする。次の文の（　a　），（　b　）に当てはまるものは何か。（　a　）は図の**A**～**D**から，（　b　）は下の**ア**～**オ**から１つずつ選びなさい。

地点Ⅰ　地点Ⅱ

A　B　C　D

砂岩　泥岩　れき岩　凝灰岩　石灰岩

A～Dの凝灰岩の層の中で，最も古く堆積したのは（　a　）の層であり，その層が堆積してから次の凝灰岩の層が堆積するまでの間，その地点は（　b　）と考えられる。

ア　海岸に近い浅い海のままであった
イ　沖合の深い海のままであった
ウ　沖合の深い海から，しだいに海岸に近い浅い海へと変化した
エ　海岸に近い浅い海から，しだいに沖合の深い海へと変化した
オ　沖合の深い海になったり，海岸に近い浅い海になったりをくり返した

〈福島県〉

ミスの傾向と対策　最も古く堆積した層がDの層であることはわかったが，DとCの間にある泥岩，砂岩，れき岩の層が何を示しているかが理解できなかったと考えられる。泥岩，砂岩，れき岩は粒の大きさによって区別され，粒の大きいものほどはやく沈むことを思い出そう。

解き方　BとCの凝灰岩の層は同じものなので，この2つの層の高さをそろえて考えると，最も下にあるDの層が最も古く堆積したとわかる。また，DとCの間の層を下から見ると，堆積物の粒がだんだん小さくなっているので，**エ**が正しい。

解答　a D　b エ

入試必出！

要点まとめ

■地層

- 流水によって運ばれた土砂（れき，砂，泥）が，下から上へと堆積して地層をつくる。
- 粒の大きいものから先に堆積する。
  ⇒海岸に近い海底…堆積物の粒が大きい。
  ⇒沖合の海底……堆積物の粒が小さい。

■地層の対比

- 鍵層となる，凝灰岩（火山灰）の層や示準化石を含む層をもとに，地層のつながりを考える。

■堆積岩

- れき岩，砂岩，泥岩は，粒の大きさで区別される。　㊅ れき ⇒ 砂 ⇒ 泥 ㊀
- **凝灰岩**…火山灰などがおし固められてできた岩石。
- **石灰岩，チャート**…生物の遺がいがおし固められてできた岩石。石灰岩は，うすい塩酸をかけると気体が発生する。

■化石

- **示準化石**…堆積した時代を知るための手がかり。
- **示相化石**…堆積した当時の環境を知るための手がかり。

実力チェック問題　解答・解説 別冊 P. 17

1

授業で地層の重なりが見られる露頭(ろとう)を観察し，結果を次の観察記録にまとめた。

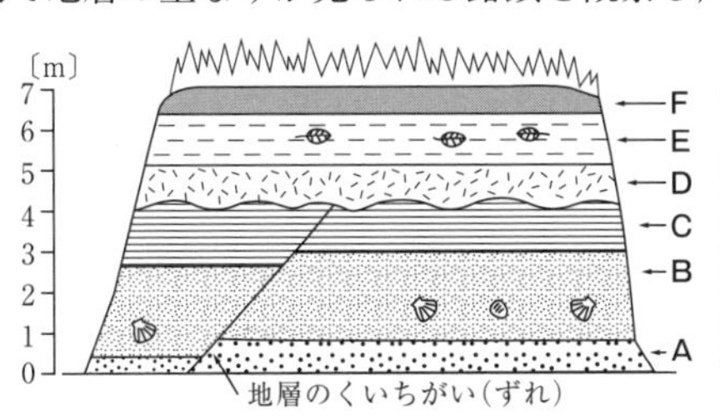

F. 黒っぽい色の土。植物の根がはっている。
E. 灰色の泥岩の層。ブナの葉の化石があった。
D. 白っぽい色の凝灰岩の層
C. 黒っぽい色の泥岩の層
B. 灰色の砂岩の層。砂岩をつくる粒は上に向かうほど細かい。海にすんでいた貝の化石があった。
A. 灰色のれき岩の層

30% (1) Eの層には，ブナの葉の化石が含まれていた。Eの層が堆積した当時のこの観察地点について，最も適切に述べているものを，次のア～エから1つ選び，記号で答えなさい。

ア　熱帯のなかの雨の多い地域　　**イ**　熱帯のなかの雨の少ない地域
ウ　温帯のなかのやや温暖な地域　　**エ**　温帯のなかのやや寒冷な地域

41% (2) 観察記録から，Aの層からCの層までが堆積した当時の観察地点の環境の変化についてまとめた。文の内容が正しくなるように，それぞれ1つずつ選び，記号で答えなさい。

一般に，地層をつくる各層は上にあるものほど①{**ア**　新しく　　**イ**　古く}，海底の堆積物の粒は海岸からはなれるほど②{**ウ**　大きく　　**エ**　小さく}なる。したがって，当時海底だったこの観察地点では海底から見て海面がしだいに③{**オ**　上がった　**カ**　下がった} と考えられる。

〈宮城県〉

2

図1は，ボーリング調査が行われた地点A，B，C，Dとその標高を示す地図であり，**図2**は，地点A，B，Cの柱状図である。なお，この地域に凝灰岩の層は1つしかなく，地層の上下逆転や断層は見られず，各層は平行に重なり，ある一定の方向に傾いていることがわかっている。

図1

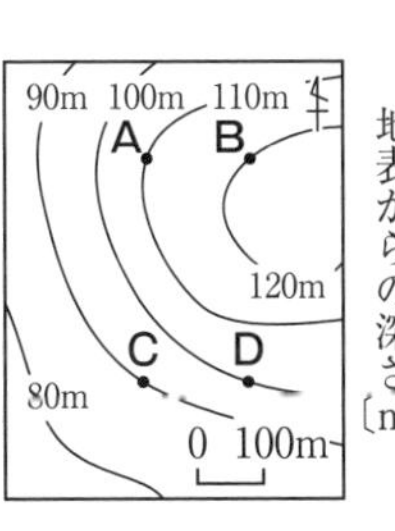

図2

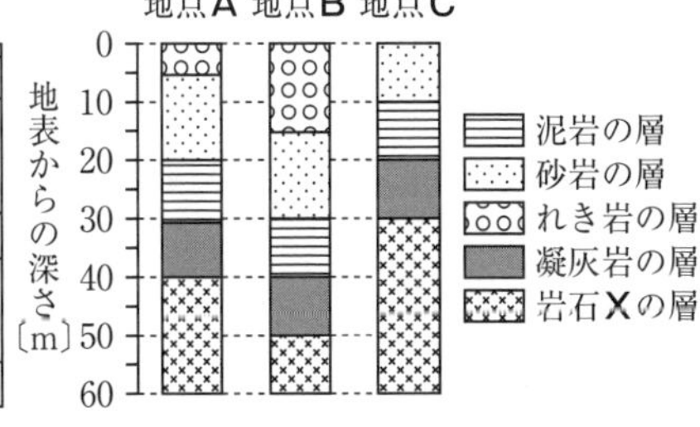

18% (1) この地域はかつて海の底であったことがわかっている。地点Bの地表から地下40mまでの層の重なりのようすから，水深はどのように変化したと考えられるか。粒の大きさに注目して，簡潔に答えなさい。

差がつく!!

25% (2) 地点Dの層の重なりを**図2**の柱状図のように表したとき，凝灰岩の層はどの深さにあると考えられるか。右の図に■のようにぬりなさい。

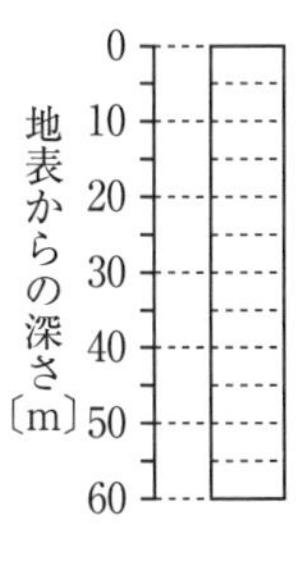

〈栃木県〉

気象観測

例題

正答率 43%

12月6日12時の天気は晴れ，風向は西北西，風力4であった。これを天気図に使われる記号で右に表しなさい。

〈岡山県〉

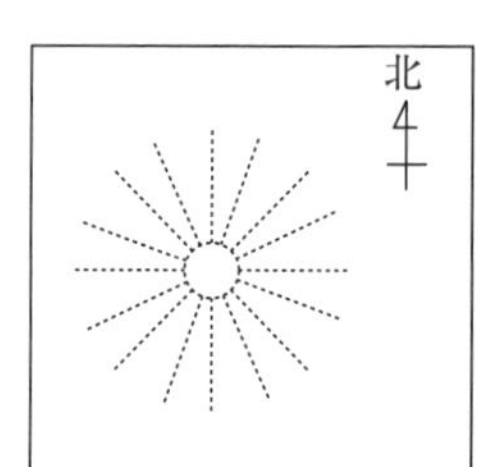

天気図に使われる記号（天気図記号）のかき方がマスターできていなかったために，解答できなかったと考えられる。
天気は○の中の天気記号で表し，風向は矢の向き，風力は矢ばねの数で表すことを思い出そう。入試によく出る作図の種類は限られているので，1度は実際にかいてみておくこと。

解き方 晴れの天気記号⦶を，図の中央の円の中にかく。次に，風向は矢の向きで表すので，中央の円から西北西の向きに線を引く。風力は矢ばねの数で表すので，矢に4本の線をたす。

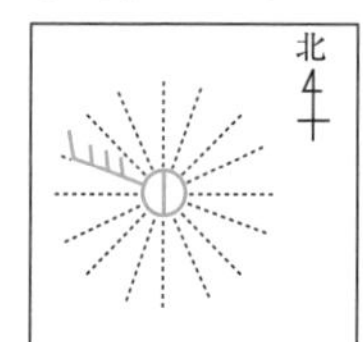

解答 右図

入試必出！ 要点まとめ

■ 天気図記号

● **天気**…天気記号で表す。

天気	快晴	晴れ	くもり	雨	雪
記号	○	⦶	◎	●	⊗

● **風向**…矢の向きで表す。
● **風力**…矢ばねの数で表す。
● **気圧**…等圧線で表す。等圧線の間隔がせまいほど，風が強い。

■ 雲量

● 空全体を10としたときの，空をおおっている雲の割合。
雲量0～1：快晴
雲量2～8：晴れ
雲量9～10：くもり

■ 湿度の測定

● 乾湿計の乾球の示度と，乾球と湿球の示度の差を湿度表に当てはめて湿度を求める。
● 乾球の示度は気温を示している。

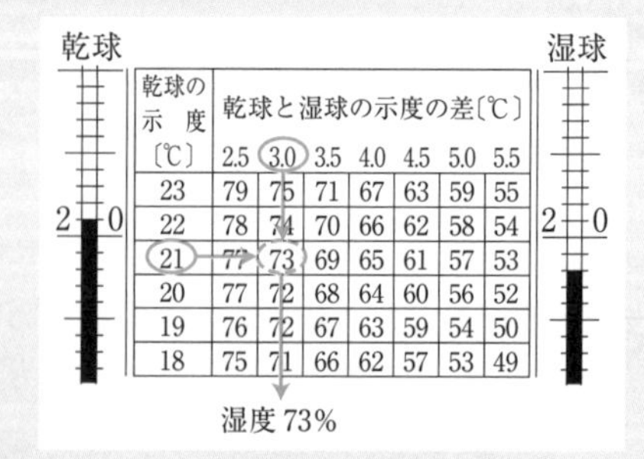

乾球の示度〔℃〕	乾球と湿球の示度の差〔℃〕						
	2.5	3.0	3.5	4.0	4.5	5.0	5.5
23	79	75	71	67	63	59	55
22	78	74	70	66	62	58	54
21	77	73	69	65	61	57	53
20	77	72	68	64	60	56	52
19	76	72	67	63	59	54	50
18	75	71	66	62	57	53	49

1 33%

【観測】5月の連続した3日間，東京都のある地点で自記記録計と乾湿計を同じ場所に設置して3時間ごとの気温と湿度を測定した。**図1**は，自記記録計で測定した気温と湿度の変化のようすをもとに，3時間ごとにグラフに表したものである。

図1

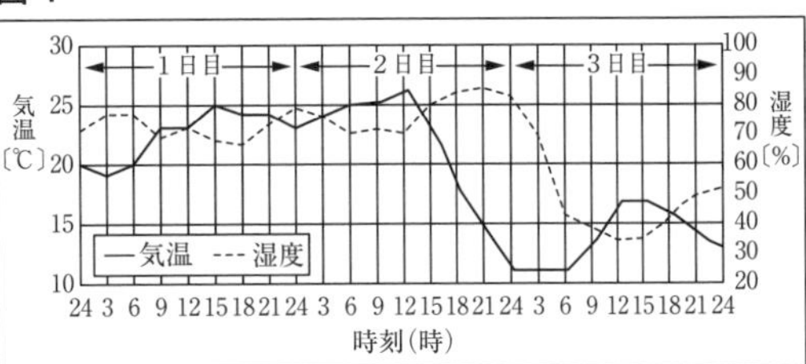

観測をした3日間のうちのある日のある時刻において，乾湿計が示した温度は**図2**のようになった。表は湿度表の一部である。

乾湿計が示した温度が**図2**のようになったのは，何日目の何時か。**ア**～**エ**から1つ選び，記号で答えなさい。

ア　1日目の3時　　**イ**　1日目の18時　　**ウ**　2日目の3時　　**エ**　3日目の6時

図2

乾球　〔℃〕　湿球
30
20

乾球温度計の示す温度〔℃〕＼乾球温度計と湿球温度計の示す温度の差〔℃〕	1	2	3	4	5	6	7
27	92	84	77	70	63	56	50
26	92	84	76	69	62	55	48
25	92	84	76	68	61	54	47
24	91	83	75	67	60	53	46
23	91	83	75	67	59	52	45
22	91	82	74	66	58	50	43
21	91	82	73	65	57	49	41

〈東京都〉

2

【観測】北海道のK市付近を低気圧が通過する日に，K市のH中学校の校庭で，気圧が低下すると水位が上昇するしくみの気圧計を使って気圧を測定し，風向を調べた。右の図は，午前8時から1時間おきに調べた結果をまとめたものである。なお，「ひもがなびいた方向」は，風向を調べる装置を真上から見たときのひもがなびいた方向を示す。

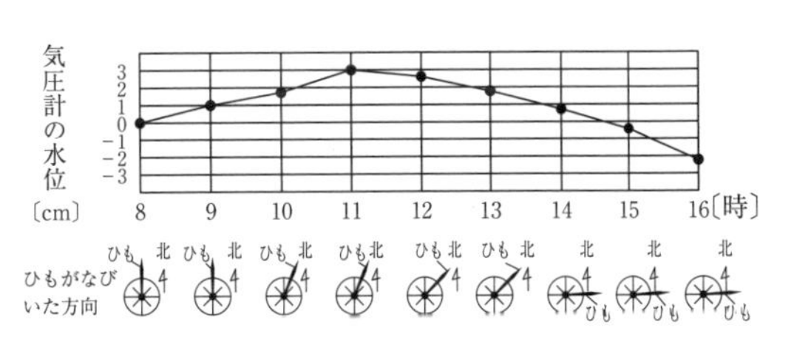

28%　〔1〕10時に調べたときの風向を16方位で書きなさい。

31%　〔2〕低気圧がK市（●）に最も近づいたときの気圧配置を示した模式図として，最も適当なものを，**ア**～**エ**から選びなさい。ただし，㊜は低気圧の中心付近を示すものとする。

ア

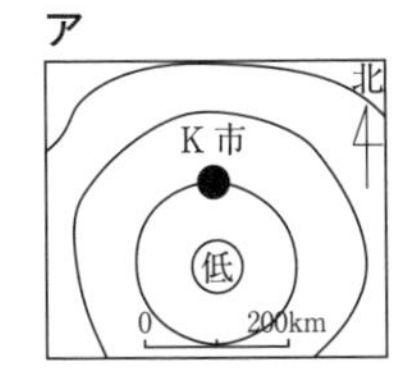

イ

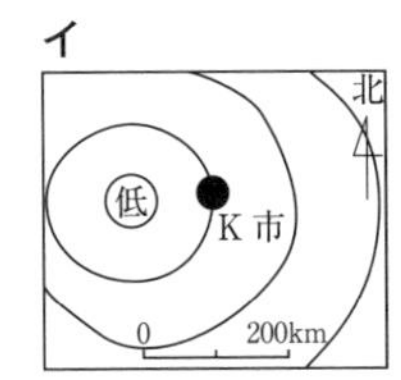

ウ

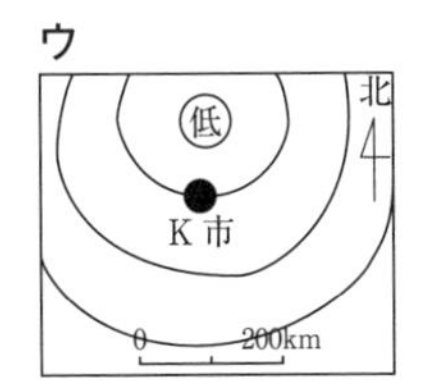

エ

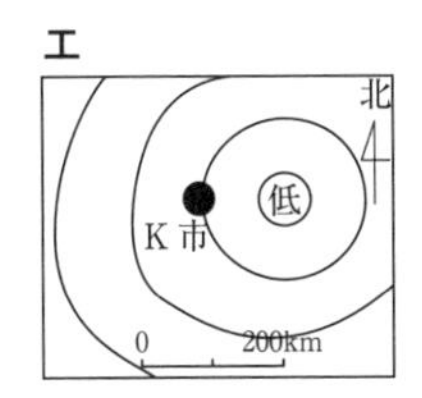

〈北海道〉

圧力と大気圧

例題

正答率 34%

2つの物体X，Yがあり，どちらも右の図のような直方体で，その大きさは，AB = 4 cm，AD = 8 cm，AE = 2 cmである。また，物体Xの質量は，物体Yの質量の3倍である。

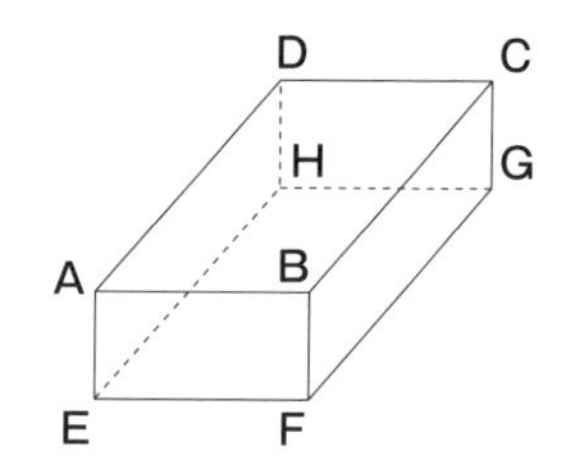

この2つの物体X，Yを，次の①～③のように，それぞれ水平な床の上に置いたとき，物体が床をおす圧力の大きさのうち，最も大きい値は最も小さい値の何倍になるか。ア～エの中から1つ選び，記号で書きなさい。

①面EFGHを下にして置いた。
②面BFGCを下にして置いた。
③面AEFBを下にして置いた。

ア 3倍　イ 4倍　ウ 6倍　エ 12倍

〈神奈川県〉

ミスの傾向と対策

物体Xの質量が，物体Yの質量の3倍であることを考慮し忘れたミスが多かったと考えられる。圧力の大きさを考えるときは，力がはたらく面積の大きさだけでなく，面を垂直におす力（物体にはたらく重力の大きさと同じ大きさ）がどうなっているかもしっかり読みとること。

解き方

$$\text{圧力〔Pa〕} = \frac{\text{面を垂直におす力〔N〕}}{\text{力がはたらく面積〔m}^2\text{〕}}$$

より，圧力が最も大きくなるのは物体Xを③のように置いたとき。また，圧力が最も小さくなるのは物体Yを①のように置いたとき。物体Xにはたらく重力の大きさは物体Yの3倍，面AEFBの面積8cm^{2}は面EFGHの面積32cm^{2}の$\frac{1}{4}$なので，

$3 \div \frac{1}{4} = 12$倍

解答　エ

要点まとめ

■圧力
- 物体どうしがふれ合う面に垂直にはたらく，単位面積あたりの力の大きさ。
- 単位はパスカル〔Pa〕やニュートン毎平方メートル〔N/m^2〕
- 1Pa = 1N/m^2
- $\text{圧力〔Pa〕} = \frac{\text{面を垂直におす力〔N〕}}{\text{力がはたらく面積〔m}^2\text{〕}}$

■大気圧（気圧）
- 地球上のあらゆるものにはたらく，上空にある大気にはたらく重力によって生じる圧力。
- 単位はヘクトパスカル〔hPa〕。
- 1hPa = 100Pa
- 海面と同じ高さのところでの大気圧の大きさの平均は約1013hPaで，これを1気圧という。

1

【実験】図1のような板A，Bを用意し，板Aを図2のように，脱脂綿の上に置き，水を入れた500gのペットボトルをさかさに立てて，脱脂綿のへこみ方を観察した。板Bについても，同じ実験を行ったところ，脱脂綿のへこみは，板Bにペットボトルを立てたときのほうが大きくなった。ただし，100gの物体にはたらく重力の大きさを1Nとする。

図1
0.10m
0.10m
板A
0.05m
0.05m
板B

図2
ものさし
ペットボトル
水
板
脱脂綿

45%　(1) 実験で，図2のように立てたとき，ペットボトルが板Aから受ける力を，右の図に力の矢印で表しなさい。ただし，1目もりは1Nの力の大きさを表すものとする。

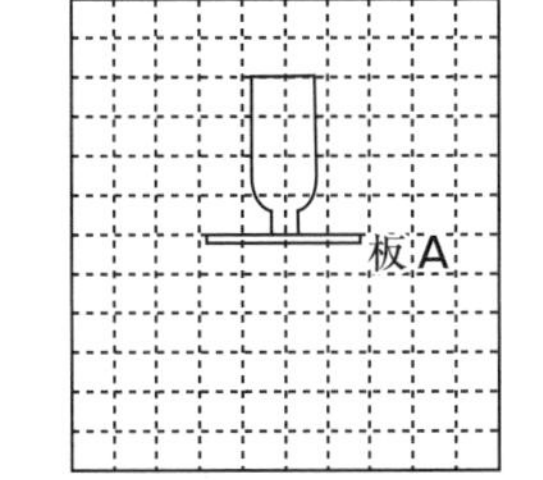

47%　(2) 実験のへこみ方の違いは脱脂綿にはたらく圧力の違いによって生じる。板Bを置いたときに脱脂綿にはたらく圧力は，板Aを置いたときに脱脂綿にはたらく圧力のおよそ何倍になるか。次のア～エから1つ選び，記号で答えなさい。ただし，板A，Bの質量は無視できるものとする。

ア　$\frac{1}{4}$倍　　イ　$\frac{1}{2}$倍　　ウ　2倍　　エ　4倍

〈宮城県〉

2

物体がふれ合う面積と圧力の関係を調べるために，下の実験を行った。ただし，このスポンジのへこむ深さは，圧力の大きさに比例するものとする。

【実験】ふたのついた直方体の容器に砂を入れ，全体にはたらく重力の大きさを6.0Nとした。図1から図2のようにして，容器をスポンジにのせたときのスポンジのへこむ深さを調べた。このとき，容器がスポンジとふれ合う面積は50cm²であった。次に，図3のように，容器の向きを変えてスポンジとふれ合う面積を150cm²にし，スポンジのへこむ深さを調べた。

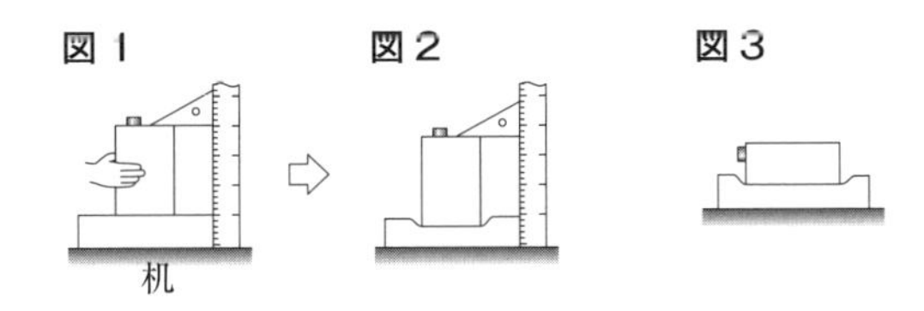

30%　(1) 図2において，スポンジが容器から受ける圧力は何Paか求めなさい。

46%　(2) 図3において，図2と同じ深さだけスポンジをへこませるには，容器全体にはたらく重力の大きさを何Nにすればよいか求めなさい。

(3) 容器にはたらく重力によって圧力が生じるように，空気にはたらく重力によっても圧力（大気圧）が生じる。机上にはたらく大気圧の大きさは，容器（6.0N）を図3の置き方で，机上に何個積み重ねたときの圧力の大きさと等しくなるか。この大気圧を1012hPaとして求めなさい。

〈長野県〉

地学

霧や雲の発生

例題

ある日の午前7時，家のまわりには霧が発生していて，気温は2℃，湿度は100%であった。その後，霧が消えて快晴となり，午前9時の気温は8℃，湿度は80%であった。

正答率

(1) 午前7時から午前9時の間に霧が消えたのはなぜか，その理由を「露点」という語句を用いて書きなさい。

(2) 表は，気温と飽和水蒸気量の関係を示したものである。この日，家のまわりの空気1 m^3中に含まれていた水蒸気の質量は，午前7時と午前9時では，どちらの時刻が何g多かったか，四捨五入して小数第1位まで求めなさい。

〈秋田県〉

気温〔℃〕	飽和水蒸気量〔g/m^3〕
2	5.6
4	6.4
6	7.3
8	8.3
10	9.4

ミスの傾向と対策

(1) 霧や雲がどうしてできるかを理解できていなかったためにミスをしたと考えられる。霧や雲は，気温が露点よりも下がるとできる。

(2) 湿度を求める式を正しく変形できなかったと考えられる。理科で扱われる公式は数が少ないので，正確に暗記し，使いこなせるようにしておこう。

解き方

(1) 霧や雲は，気温が露点よりも下がるとできるので，霧が消えたのは，気温が露点よりも上がったからである。

(2) 空気1 m^3中に含まれる水蒸気量は，午前7時では5.6 g/m^3，午前9時では8.3 $g/m^3 \times \frac{80}{100}$ = 6.64 g/m^3より，6.64g − 5.6g = 1.04gで，1.0g。

解答

(1) (例)気温が露点よりも高くなったから。

(2) 午前9時が1.0g多かった。

入試必出! 要点まとめ

■ 飽和水蒸気量

- 1 m^3中に含むことのできる最大の水蒸気量。
- 飽和水蒸気量は，気温が高いほど大きく，気温が低いほど小さい。

■ 湿度の求め方

- 湿度〔%〕

$$= \frac{\text{空気1}m^3\text{中に含まれる水蒸気量〔}g/m^3\text{〕}}{\text{その気温での飽和水蒸気量〔}g/m^3\text{〕}} \times 100$$

■ 雲のでき方

- 空気は，上昇するとまわりの気圧が下がるために膨張し，温度が下がる。空気の温度が露点に達すると，水蒸気が凝結して雲ができる。
- 露点では，飽和水蒸気量＝空気中の水蒸気量　となる。

実力チェック問題

解答・解説 別冊 P. 19

1 47%

部屋の窓ガラスに水滴がついていることに気づき，その原因が空気中の水蒸気にあるのではないかと考え，その部屋で次の実験を行った。あとの表は，空気の温度と飽和水蒸気量の関係を表したものである。

温度計 試験管 氷 金属製のコップ

【実験】 操作１　部屋の温度を測定した。

操作２　部屋の空気の温度と同じ温度にしておいたくみおきの水を，金属製のコップに半分程度入れた。

操作３　右の図のように氷を入れた試験管を，金属製のコップの中でゆっくりと上下させ，金属製のコップの水の水温を下げていった。

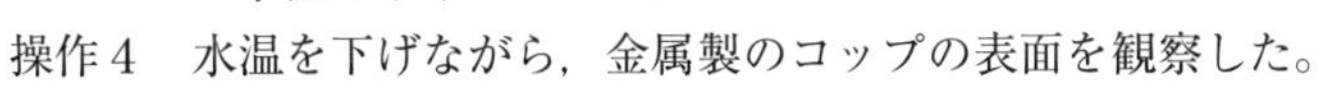

操作４　水温を下げながら，金属製のコップの表面を観察した。

表　温度と飽和水蒸気量

温度〔℃〕	0	2	4	6	8	10	12	14
飽和水蒸気量〔g/m³〕	4.8	5.6	6.4	7.3	8.3	9.4	10.7	12.1
温度〔℃〕	16	18	20	22	24	26	28	30
飽和水蒸気量〔g/m³〕	13.6	15.4	17.3	19.4	21.8	24.4	27.2	30.4

金属製のコップの表面がくもり始めたのは，水温が14℃のときだった。このときの，部屋の湿度は何％か，小数第１位を四捨五入して，整数で答えなさい。ただし，このときの部屋の空気の温度は20℃で，水温と金属製のコップの表面付近の空気の温度は等しいものとする。

〈鳥取県〉

2

図は，空気のかたまりが，高さ0mのふもとから山の斜面に沿って山頂まで上昇したときのようすを模式的に表したものである。800mの高さで，空気のかたまりに含まれる水蒸気が水滴になって雲ができ始め，山頂まで雨が降った。

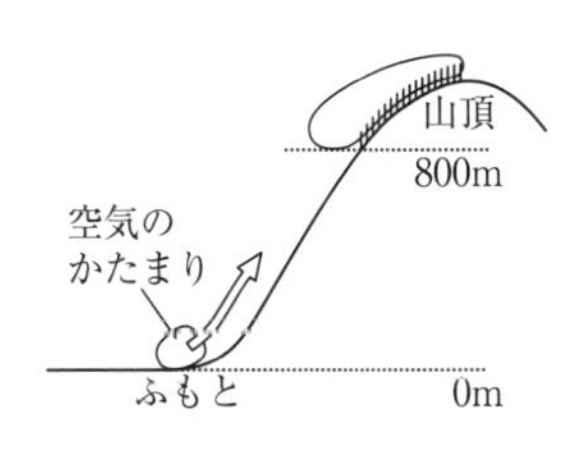

41%　(1) 水蒸気が水滴に変化することを何というか，書きなさい。

(2) 空気のかたまりの温度は，800mの高さで12℃，山頂で10℃であった。表は，気温と飽和水蒸気量との関係を示したものである。次の問いに答えなさい。

気温〔℃〕	8	10	12	14	16	18	20	22
飽和水蒸気量〔g/m³〕	8.3	9.4	10.7	12.1	13.6	15.4	17.3	19.4

44%　①空気のかたまりが800mの高さから山頂へ達するまでに，できた水滴がすべて雨として降ったとすると，その量は空気１m³当たり何gか，求めなさい。

②ふもとでの空気のかたまりの湿度は何％か，小数第１位を四捨五入して書きなさい。ただし，雲が発生していないとき，空気の上昇による温度変化は，100mにつき１℃とする。

〈青森県〉

前線の通過と天気の変化，日本の天気

例題

正答率 48%

右の図は4月27日午前9時の天気図である。

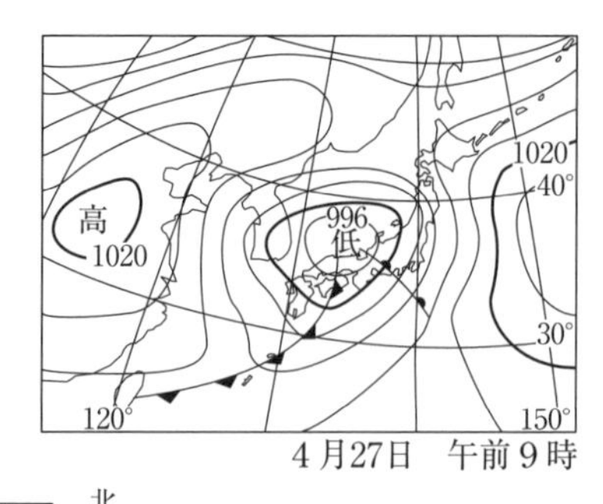

4月27日　午前9時

次の**ア〜エ**は，4つの異なる地点での風向，風力，天気の変化を，4月27日午前9時から3時間おきに示したものである。このうち，奈良市の観測結果と考えられるものを1つ選び，記号で答えなさい。

ア

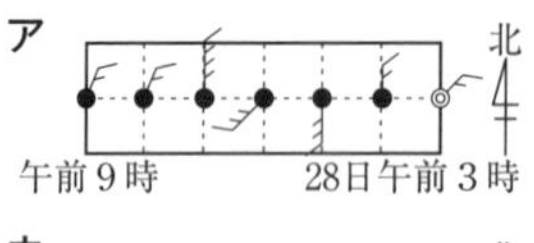

イ

ウ

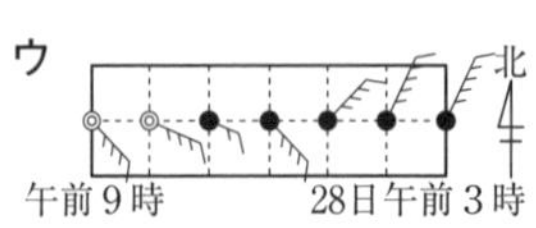

エ

北

午前9時　　28日午前3時

〈奈良県〉

ミスの傾向と対策

寒冷前線の通過後の天気の変化が理解できているだけでは正解できない問題である。低気圧の中心付近の風の吹き方や，低気圧通過後には高気圧が通過することまで，天気図から読みとって判断しなければならないことに注意しよう。

解き方

午前9時以降に奈良市を通過するのは，寒冷前線と高気圧である。そのため，天気は，短時間雨が降ったのちに回復し，風向は，寒冷前線の通過前後で南寄りから北寄りに変わると考えられる。また，北半球において，低気圧の地表付近では，中心に向かって反時計まわりに風が吹き込むので，午前9時時点の奈良市の風向は南南西と考えられる。

解答 イ

入試必出！ 要点まとめ

■ 前線と通過後の天気の変化

- **寒冷前線**（―▼―▼―）
  - ①通過後，風向が北寄りに変わる。
  - ②激しい雨が降り，通過後気温が下がる。
- **温暖前線**（―●―●―）
  - ①通過後，風向が南寄りに変わる。
  - ②おだやかな雨が降り，通過後気温が上がる。

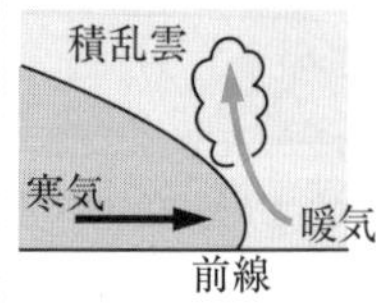

寒冷前線

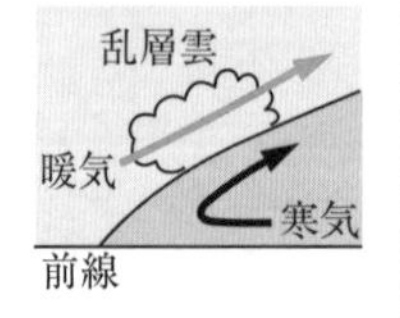

乱層雲
暖気
寒気
前線

温暖前線

■ 日本の天気

- **偏西風**…日本の上空を吹いている強い西寄りの風。
- 日本付近の低気圧や移動性高気圧は，偏西風の影響で西から東へ移動するため，天気も西から東へ移り変わることが多い。
- 日本の天気
  - 冬：シベリア気団が発達。西高東低の気圧配置。
  - 春・秋：移動性高気圧と低気圧が交互に通過。天気が周期的に変化する。
  - 夏：小笠原気団が発達。南高北低の気圧配置。
  - つゆ：オホーツク海気団と小笠原気団の間に停滞前線（梅雨前線）ができる。

1

①② 49%　③④ 32%

図1は，ある年の11月26日12時(正午)の天気図である。

図1

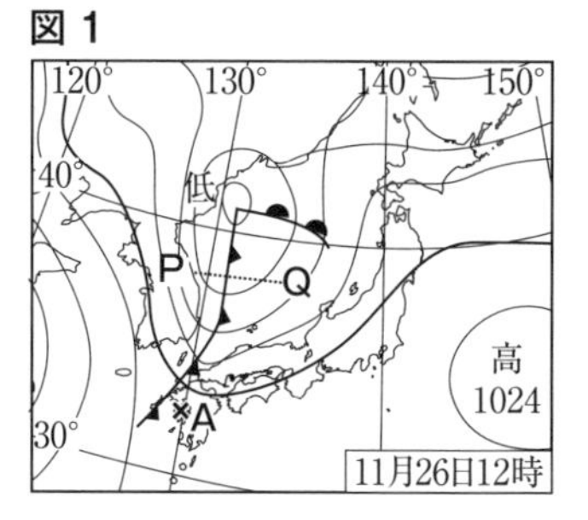

(1) 次の文の①～④の｛　｝の中から，それぞれ適当なものを1つずつ選び，**ア**，**イ**の記号で答えなさい。

図1に ▼▼ で示す前線の付近では，寒気団と暖気団が接している。**図2**は，**図1**の線**PQ**に沿って，海面に垂直な断面での大気のようすを，①｛**ア**　北　**イ**　南｝から見て模式的に表したものであり，②｛**ア**　**X**　**イ**　**Y**｝は，寒気団である。また，**図1**の等圧線のようすから，**A**地点では，**図1**に ▼▼ で示す前線が通過する1時間前には，③｛**ア**　東北東　**イ**　南南西｝の風が吹いていたが，通過1時間後には，④｛**ア**　西北西　**イ**　北北東｝の風が吹いていたと考えられる。

図2

急激な上昇気流
前線面
X
Y
海面
(⇨は空気の流れを表す。)

(2) **図1**に示す高気圧の中心付近では，空気が下降することで気温が上がるので，雲ができにくい。下降する空気の温度が上がる理由を，「下降する空気が，」という書き出しに続けて簡単に書きなさい。

〈愛媛県〉

2

45%

さくらさんは，**図1**の天気図をもとに，日本付近における冬の天気の特徴を，**図2**と□の中の文にまとめた。**図2**の矢印➡は，風の吹く向きを示している。また，□の中の①～④は，**図2**の①～④の場所での，それぞれの天気の特徴を述べた文であるが，下線部に誤りのあるものが1つある。下線部に誤りのある文を，①～④から1つ選び，その記号を書きなさい。また，選んだ文の下線部を正しく書き直しなさい。

図1

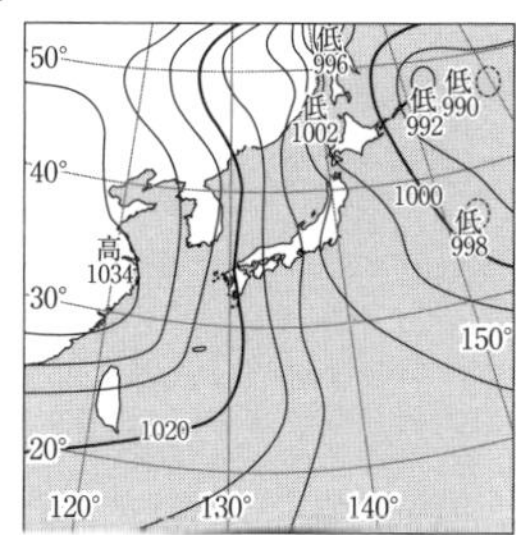

①ユーラシア大陸にある<u>シベリア気団</u>から風が吹き出す。
②<u>暖流</u>の影響もあり，海面からの熱と多量の水蒸気によって雲ができる。

図2

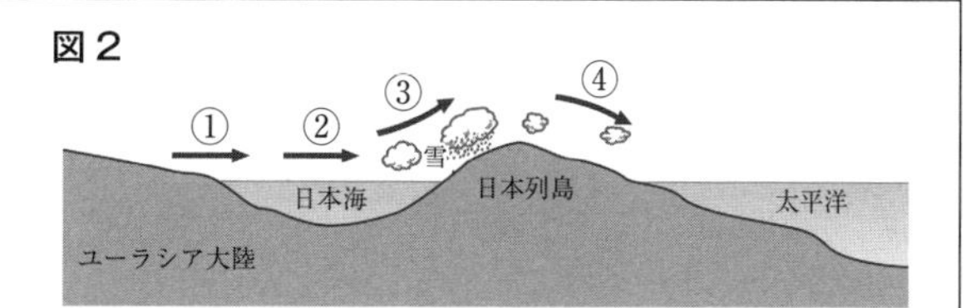

③日本列島の日本海側の山沿いに<u>多くの雪</u>が降る。
④日本列島の太平洋側では<u>温暖でしめった風</u>が北西から吹き，晴天が続く。

〈山梨県〉

地 学

日周運動と自転

例題

正答率

44%

【観測】図1のように，点Oを中心とする透明半球を水平な地面に置き，ある日の天球上の太陽の位置を，1時間ごとに記録した。次に，印をなめらかな曲線で結び，その曲線を延長して太陽の通り道をかいた。曲線が透明半球のふちと交わる点をX，Y，直線XYと直線BDとの交点をPとした。また，透明半球上における天頂をE，南中したときの太陽の位置をZとした。

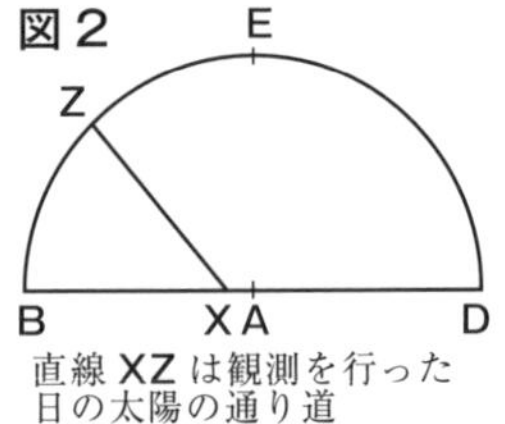

図2は，A（東）の方向から図1の透明半球を見たものである。春分の日に，観測と同じようにして太陽の動きを記録すると，透明半球上の太陽の通り道はどのようになるか。図2に実線でかき加えなさい。

図2

E

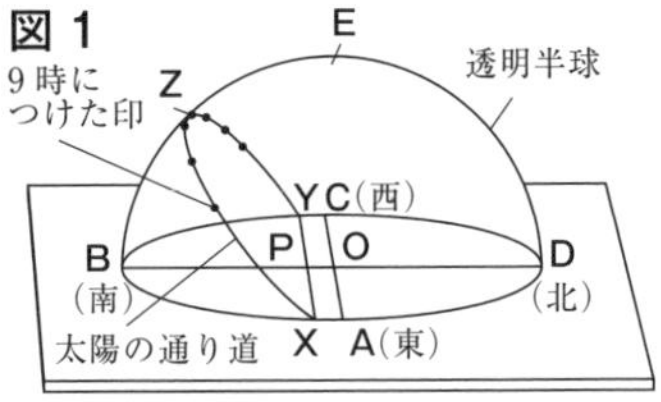

Z

B

XA

D

直線XZは観測を行った日の太陽の通り道

〈滋賀県〉

ミスの傾向と対策

太陽の1日の道すじは季節によって異なるが，透明半球を横から見たとき，道すじはほぼ平行にずれていることが理解できておらず，正しく作図できなかったと考えられる。日の出，日の入りの位置だけでなく，南中の位置や道すじの傾き方など，細かいところまで教科書などの図を確認しておこう。

解き方　春分の日，太陽は真東からのぼって南の空を通り，真西へ沈む。太陽の1日の道すじは，季節によって異なるが，透明半球を横から見ると道すじはほぼ平行にずれているので，Aを通り，直線XZに平行な直線をひけばよい。

解答　右図

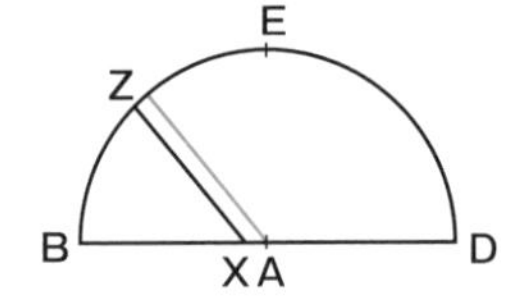

入試必出!　要点まとめ

■ 地球の自転

- 地球は地軸を中心に1日に1回，西から東へ自転している。
- 地球の自転は，1時間に
  360° ÷ 24 = 15°

■ 星の1日の動き

- 1時間に約15°移動して見える。
- 東の空…右上にのぼる。
- 南の空…東から西へ動く。
- 西の空…右下に沈む。
- 北の空…北極星を中心に反時計まわりに動く。

■ 太陽の1日の動き

- 1時間に約15°移動して見える。
- 東の地平線からのぼり，南の空を通って，西の地平線に沈む。

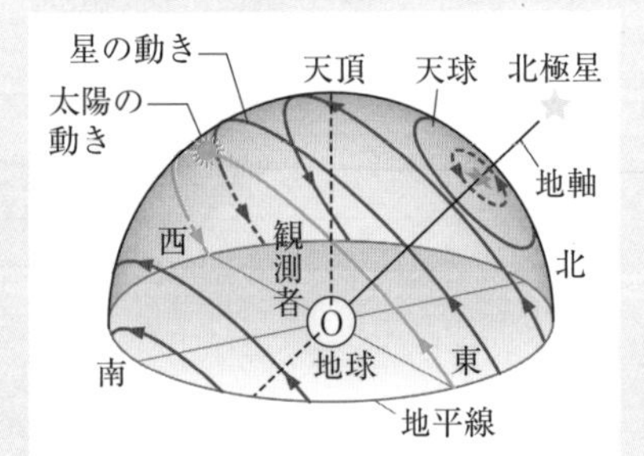

実力チェック問題

1

宮城県内の北緯38°の地点において，秋分の日と冬至の日の太陽の動きを調べた。

【観察】①図１のように，正方形の台の各辺を，それぞれ方位の向きに合わせて水平に置いた。この台の上に透明半球と同じ大きさの円をかき，その中心に点Oの印をつけた。透明半球のふちを円に合わせて固定し，方位をしるした。

図１

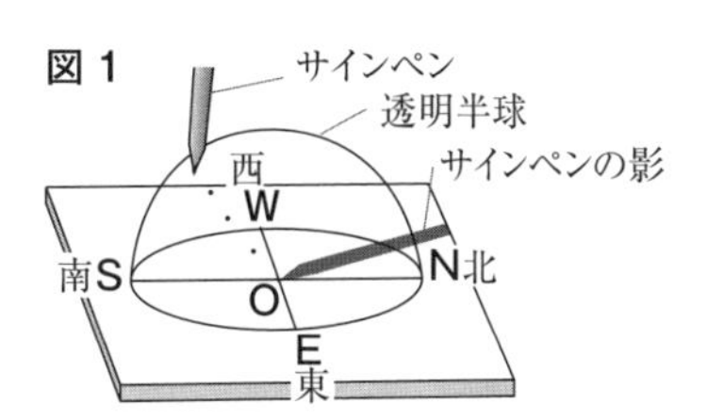

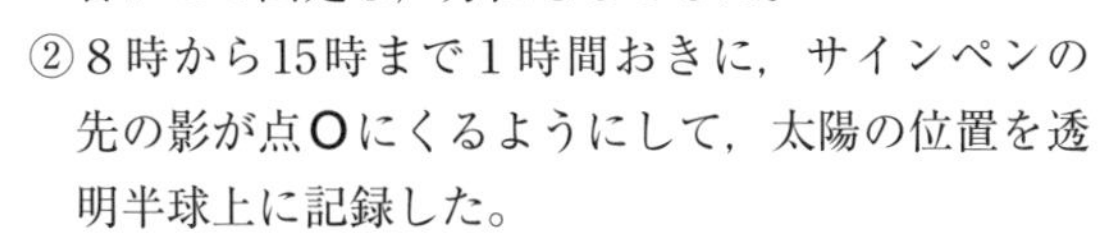

②８時から15時まで１時間おきに，サインペンの先の影が点Oにくるようにして，太陽の位置を透明半球上に記録した。

③記録した位置をなめらかな曲線で結び，この線を透明半球のふちまで延長して，太陽の動いた道すじをかいた。図２は，透明半球を東側から真横に見たものである。線EHは，秋分の日の太陽が日の出から南中するまでの道すじで，点Cは，冬至の日に太陽が南中した位置である。

図２

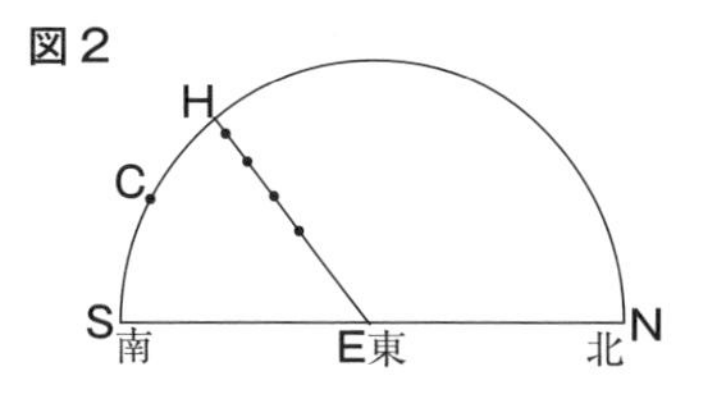

47%
(1) 図２に，冬至の日の太陽が，日の出から南中するまでの道すじをかき入れると，どのような図になるか，実線 (――) でかき入れなさい。

差がつく!! 13%
(2) 図２で，弧SCの長さは5.8cm，弧SNの長さは36cmだった。このことから，冬至の日の太陽の南中高度は何度か，求めなさい。

差がつく!! 20%
(3) 太陽の南中高度は，１年を通して規則的に変化していく。この変化が起こる理由を簡潔に説明しなさい。

〈宮城県〉

2

差がつく!! 15%

山梨県に住む陽子さんが，ある夜，自宅の庭で星の観察をした。右の図は，陽子さんが午後7時の北の空の一部を記録したものである。

北極星

この日の午後10時に北の空を観察すると，図の星座はどの位置にどのように見えるか，星座の形を右図にかき入れなさい。

〈山梨県〉

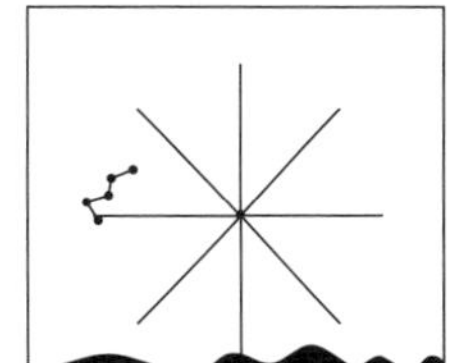

地学

年周運動と公転

例題

正答率 43%

右の図は，各季節における公転軌道上の地球と，黄道上の代表的な星座の位置を模式的に表したものである。また，A～Dは，春分，夏至，秋分，冬至の，いずれかの地球の位置である。

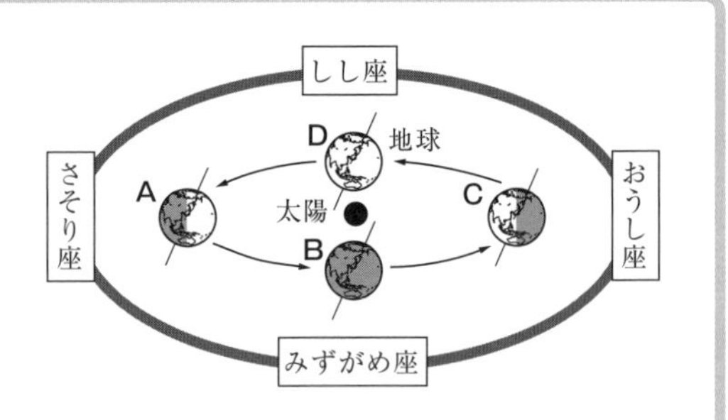

日本のある地点において，春分の日の真夜中に東の空に見えるのは，図の星座のどれか。星座名を書きなさい。

〈山梨県〉

ミスの傾向と対策

地軸の傾きの向きから考えて春分の頃の地球の位置はDであることがわかっても，真夜中にそれぞれの方位に見える星座がわからなかったと考えられる。太陽と反対側にある星座（しし座）が真夜中に南の空に見える。顔の正面を南に向けたとき，横にのばした左手が東，右手が西を表す。この2点をしっかり覚えておこう。

解き方　地球の地軸の北極側が太陽と反対の向きに傾いているCが冬至の頃の地球の位置である。よって公転の向きから，春分の頃の地球の位置はDである。太陽と反対の位置にあるしし座は真夜中の南の空に見えることから，東の空に見えるのはさそり座である。

解答　さそり座

入試必出！ 要点まとめ

■ **地球の公転**

- 地球は太陽を中心に1年に1回，天の北極側から見て反時計まわりに公転している。
- 地球の公転の速さは，1か月に
  360°÷12＝30°

■ **星の1年の動き**

- 1か月に約30°，東から西へ移動して見える。

■ **太陽の1年の動き**

- 1か月に約30°，星座の間を西から東へ移動して見える。

■ **地軸の傾きと季節の変化**

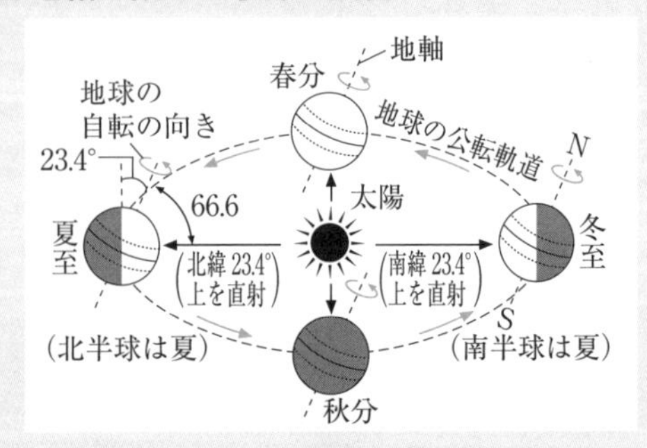

- 季節が生じるのは，地球が地軸を公転面に立てた垂線に対して23.4°傾けたまま公転しているから。

実力チェック問題

解答・解説 別冊 P. 20

1

ある日の20時，北の空に北斗七星が**図1**の**a**の位置に見えた。このとき南の空では，**図2**のようにオリオン座のリゲルが南中していた。その夜，しばらくしてからもう一度，北の空を見ると北斗七星は**図1**の**b**の位置に移動していた。

図1

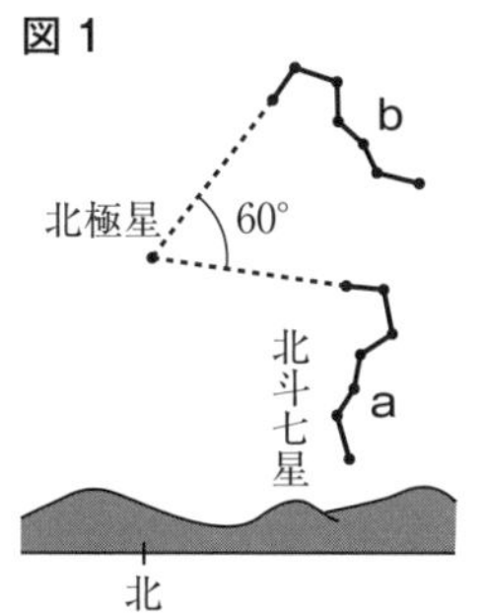

図2

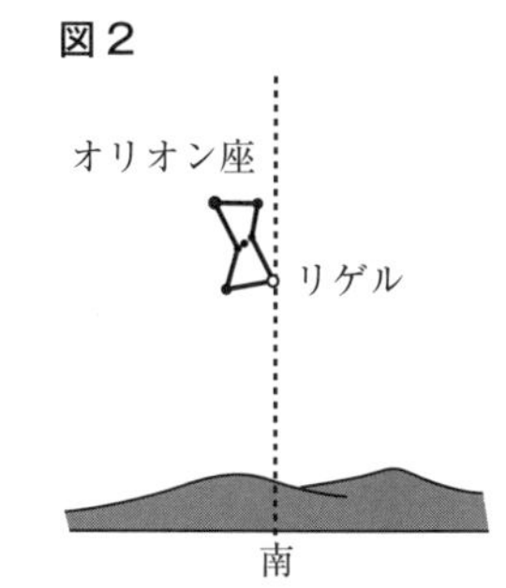

45% (1) 北極星を観察すると，時間がたっても動かないように見える。その理由を書きなさい。

38% (2) 1か月後に同じ場所で観察すると，リゲルが南中する時刻は，次のどれか。**ア**～**エ**から1つ選び，記号で答えなさい。

ア 18時　**イ** 19時　**ウ** 21時　**エ** 22時

〈長崎県〉

2

下の文は，生徒が「季節の変化が起こる理由」について調べたことを発表した内容の一部である。**図1**は，その発表で使った福岡県の**A**地点における1年間の太陽の南中高度の変化を示したものであり，4つの点（•）は，春分の日，夏至の日，秋分の日，冬至の日のいずれかの南中高度を示している。

図1から，冬至の日と夏至の日の南中高度の差は，約47°あることがわかります。この差が生じるのは，地球が地軸を公転面に対して傾けたまま，太陽のまわりを公転しているからです。北半球では，冬は北極側が太陽と反対方向に傾くので，太陽の南中高度が低くなり，夏は北極側が太陽の方向に傾くので，太陽の南中高度が高くなります。また，地軸の傾きと公転によって，昼夜の長さも変化しています。太陽の南中高度や昼夜の長さの変化によって，太陽が地面を照らす光の量が変わり，季節の変化が起こっています。

図1

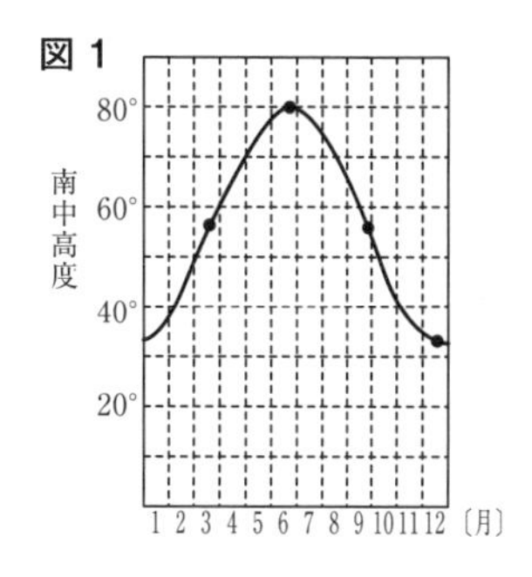

図2

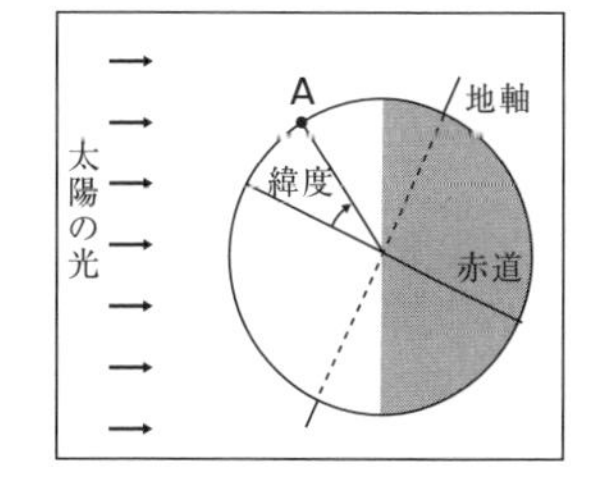

27% (1) **図2**は，冬至の日における地球への太陽の光の当たり方を示したものである。**A**地点における太陽の南中高度を，次の[　　]内の例にならって，**図2**の中に示しなさい。

[例]

40% (2) 地軸が地球の公転面に対して垂直であると仮定した場合，**A**地点における1年間の太陽の南中高度の変化はどうなるか。**図1**の中にグラフで表しなさい。

〈福岡県〉

地学

太陽のようす

例題

正答率

(1) 46%

(2) 33%

(1) 図1に示すように，太陽投影板に映る太陽の像の直径が10cmのとき，黒点の像の直径は2mmであった。この黒点の実際の直径は，地球の直径のおよそ□倍である。□に入る数値として適当なものを1つ選び，記号で答えなさい。ただし，太陽の直径は地球の直径の109倍とする。

ア 0.2　イ 0.5　ウ 2　エ 5

図1

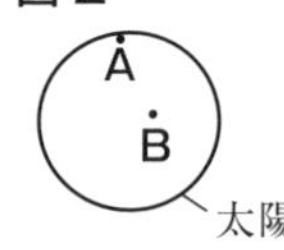

図2

(2) 水星が太陽の手前にあるとき，太陽を観察すると，図2のように斑点Aと斑点Bがあり，2つとも円形に見えた。斑点Aと斑点Bのうち，一方は水星で，もう一方は実際の形も円形の黒点であった。黒点は，斑点Aと斑点Bのどちらか。A，Bの記号で書きなさい。また，そのように判断した理由を，「実際の形が円形の黒点は，」という書き出しに続けて簡単に書きなさい。〈愛媛県〉

ミスの傾向と対策

(1) どう計算してよいかがわからず，与えられた数値から，10cm÷2mm＝5倍としたミスが多かったと考えられる。求めたい値をxやyで表して式を立てる習慣をつけておこう。

(2) 位置によって黒点の形が変化することはわかっていたが，うまく文章にできなかったと思われる。もしAが黒点だったらどんな形に見えるかを考えて書いてみよう。

解き方

(1) 黒点の実際の直径を地球の直径のx倍とすると，10cm＝100mmより，2mm：100mm＝x：109　x＝2.18より，およそ2倍。

(2) 黒点は，位置によって見える形が違う。太陽は球形であるため，周辺部にあるAが黒点だとすると，円形ではなくだ円形に見えるはずである。よって，黒点はBである。

解答

(1) ウ

(2) 記号…B　理由…(例)(実際の形が円形の黒点は，)周辺部では，だ円形に見えるはずだから。

入試必出! 要点まとめ

■ 太陽の特徴

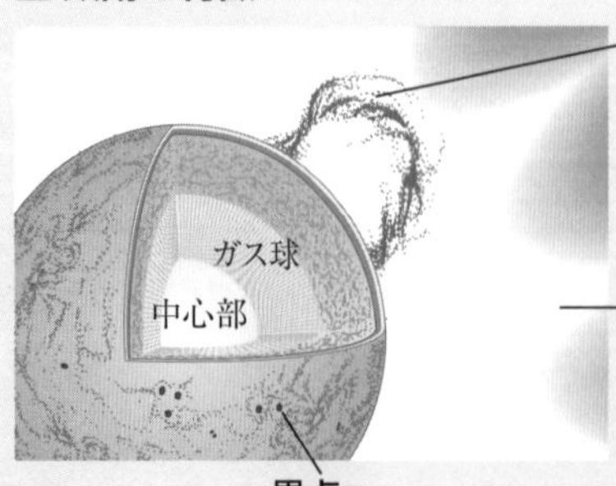

プロミネンス(紅炎)
表面から吹き出すガス。

コロナ
いちばん外側のうすいガス。

黒点
まわりよりも温度が低く，黒く見える。

■ 黒点

● 黒点の観察からわかること

① 黒点が東から西へ移動する。
⇒太陽が自転している。
⇒太陽は，約27日で1回自転する。

② 黒点が周辺部ではだ円形，中心部では円形に見える。
⇒太陽は球形をしている。

実力チェック問題

解答・解説 別冊 P. 21

1

差がつく!! 20%

図１の天体望遠鏡で，太陽を直接見ないように注意しながら，太陽を投影板に映したところ，図２のように，投影板上にとりつけた記録用紙の円よりも太陽の像が大きくうつり，像はa側にずれていた。この太陽の像を記録用紙の円の大きさに合わせる方法として，最も適当なものはどれか。ただし，a側は太陽の像が移動していく方向である。

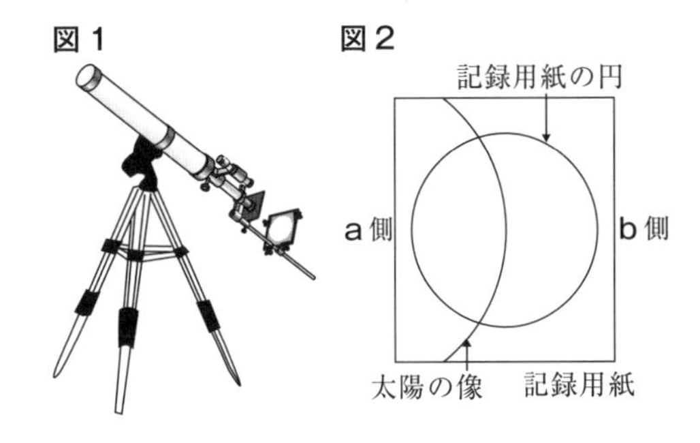

ア　投影板を接眼レンズに近づけ，望遠鏡の向きを東にずらす。
イ　投影板を接眼レンズに近づけ，望遠鏡の向きを西にずらす。
ウ　投影板を接眼レンズから遠ざけ，望遠鏡の向きを東にずらす。
エ　投影板を接眼レンズから遠ざけ，望遠鏡の向きを西にずらす。

〈鹿児島県〉

2

差がつく!! 12%

図１のように，天体望遠鏡に投影板と遮光板をとりつけ，投影板には，直径12cmの円がかかれた記録用紙を固定した。接眼レンズと投影板の距離を調節し，太陽の像を記録用紙の円の大きさに合わせて投影したところ，いくつかの黒点が観察された。そのうち，最も大きい黒点の形，大きさを記録用紙にスケッチした。図２はその記録であり，黒点は太陽の像の中央に位置し，ほぼ円形で直径は4mmであった。

図２の黒点の実際の直径は，地球の赤道直径の何倍か。小数第２位を四捨五入して小数第１位まで求めなさい。ただし，地球の赤道直径を１，太陽の赤道直径を109として計算しなさい。　〈栃木県〉

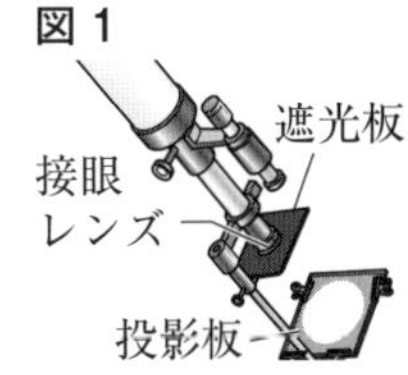

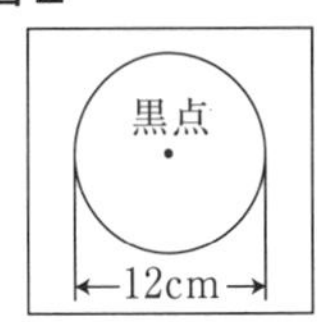

3

差がつく!! 2%

【観察】天体望遠鏡で，黒点の像を毎日９時に８日間スケッチした。

【結果】①観察1日目には，図１のように太陽の像の中心に円形の黒点の像が記録された。太陽の像は記録用紙上を図１の矢印の方向に動いて，記録用紙の円から外れた。

②観察2日目から7日目までの間，1日目に観察した黒点の像は，日がたつにしたがって太陽の像の西に向かって移動した。また，1日目に観察した黒点の像は，西に向かって移動するとだ円形になり，太陽の像の周辺に近づくほど細くなった。

１日目に観察した黒点を，７日目の南中時刻に観察したとすると，記録用紙のどの位置に，どのような向きに記録されるか。黒点の像の位置は図２のＡ～Ｈの中から，黒点の像の向きは図３のＷ～Ｚの中から，それぞれ最も適当なものを１つずつ選びなさい。

〈福島県〉

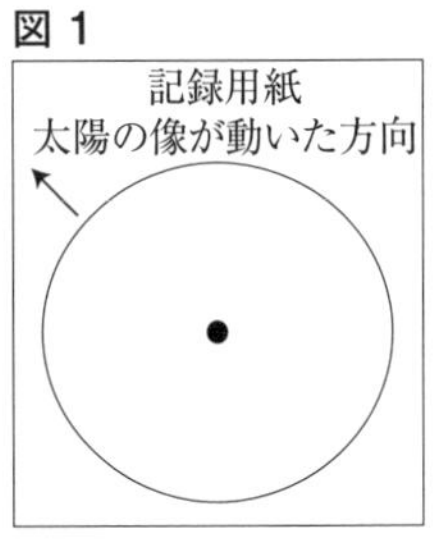

地学

惑星と恒星

例題

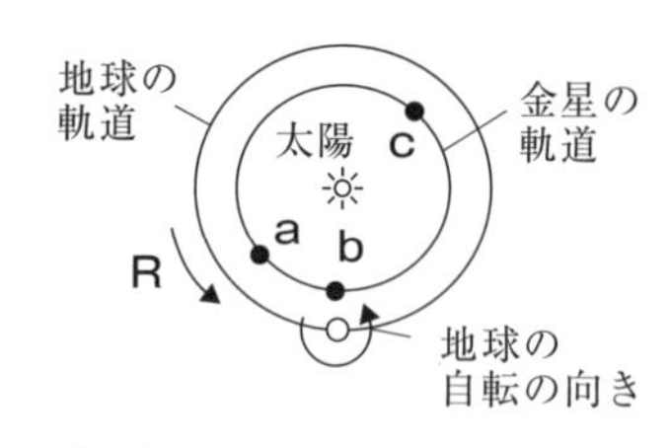

次の文の｛　｝の中から，適当なものを1つずつ選び，ア，イの記号で答えなさい。

地球に対する金星の位置が，図のaのときとcのときとを比べると，金星全体に対する金星のかがやいて見える部分の割合が大きいのは，①｛ア　a　イ　c｝のときで，金星の見かけの大きさが大きいのは，②｛ア　a　イ　c｝のときである。また，金星が午前中に真南にくるのは，地球に対する金星の位置が，③｛ア　a　イ　c｝のときである。地球に対する金星の位置が，10か月の間に図のaからbを経てcになるのは，金星の公転周期が地球より④｛ア　長い　イ　短い｝からであり，太陽が天球上の黄道を⑤｛ア　東から西　イ　西から東｝へ1年で1周するのは，地球が図のRの向きに1年を周期として公転しているからである。

〈愛媛県〉

正答率

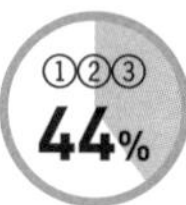

①②③ 44%

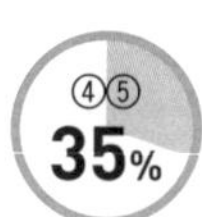

④⑤ 35%

ミスの傾向と対策

③　図で，午前中に真南になる方角がどこかがわからなかったと思われる。方角を考えるときは，「日の出の頃の太陽→東の空，日の入りの頃の太陽→西の空」を基準にすること。

⑤　太陽が黄道上を動くのは，地球が太陽のまわりを公転しているためであることを覚えておらず，**ア**としたミスが多かったと考えられる。太陽の動きは地球の公転の向きと同じであることに注意。

解き方

①②③　地球に近いほど，金星全体に対する金星のかがやいて見える部分の割合は小さく，見かけの大きさは大きい。また，午前中に真南にくるのは，地球から見て太陽の右側にある金星である。

④⑤　公転周期は地球は約1年，金星は約0.62年。太陽の動きは，地球の公転による見かけの動きなので，太陽は黄道上を西から東へ移動する。

解答　①イ　②ア　③イ　④イ　⑤イ

入試必出！ 要点まとめ

■太陽系の惑星

- 地球よりも内側を公転する惑星（水星，金星）と，地球よりも外側を公転する惑星（火星，木星，土星，天王星，海王星）に分けられる。

■金星の見え方

- 金星は地球よりも内側を公転する惑星であるため，常に太陽の方向に見える。
  ⇒明け方の東の空か，夕方の西の空にしか見えない。
- 真夜中には見えない。
- 地球に近いほど，見かけの大きさは大きく，欠け方も大きい。

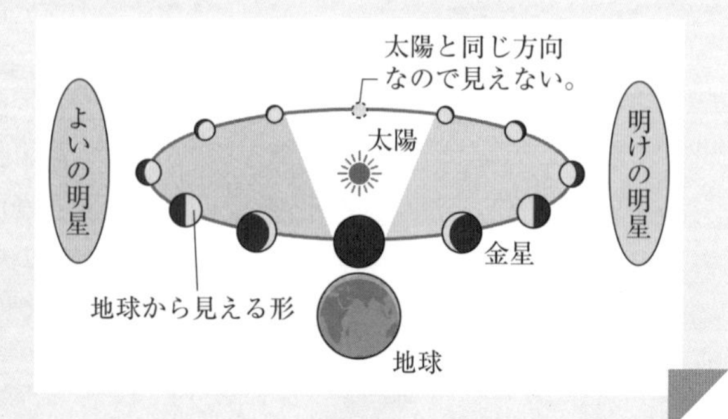

1

1月15日の日没直後に，日本のある地点で，南西の空に，金星が右の図のように見えた。金星を天体望遠鏡で観測したところ，明るい部分が半月状に見えたのでスケッチした。

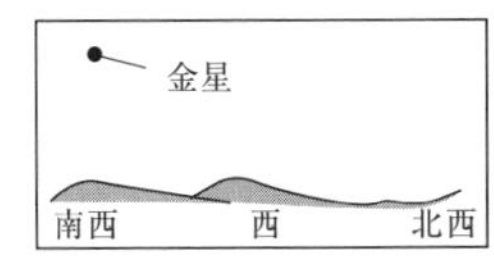

37%

(1) 金星の明るい部分をスケッチしたものとして，最も適当なものを，**ア**～**エ**から1つ選び，記号で答えなさい。ただし，金星の形は，白色の部分で，肉眼で見たときのように上下左右の向きを直して示してある。

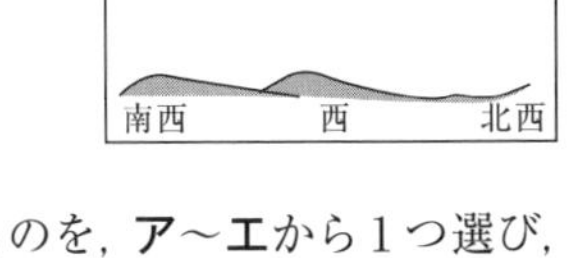

49%

(2) 観測した日の太陽，地球，金星の位置関係を模式的に表すとどのようになるか。最も適当なものを，**ア**～**エ**から1つ選び，記号で答えなさい。

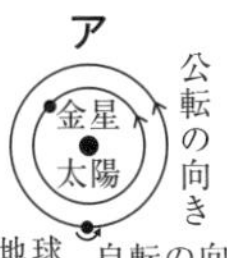

45%

(3) 同じ年の2月15日の日没直後に，同じ場所で金星を観測したとき，金星の見かけの大きさと形は，1月15日に観測したときと比べてどのように変化したか。**ア**～**エ**から1つ選び，記号で答えなさい。ただし，金星の公転の周期は0.62年とする。

ア 見かけの大きさは大きくなり，満月の形に近くなった。
イ 見かけの大きさは大きくなり，三日月状になった。
ウ 見かけの大きさは小さくなり，満月の形に近くなった。
エ 見かけの大きさは小さくなり，三日月状になった。

〈新潟県〉

2

差がつく!! 20%

【実験】①教室の中心に太陽のモデルとして光源を置く。そのまわりに金星のモデルとしてボールを，地球のモデルとしてカメラを置いた。また，教室の壁におもな星座名を書いた紙を貼った。**図1**は，実験のようすを模式的に表したものである。
②おとめ座が真夜中に南中する日を想定し，その位置にカメラを移動した。ボールは，**図2**のようにカメラに映る位置に移動した。

図1

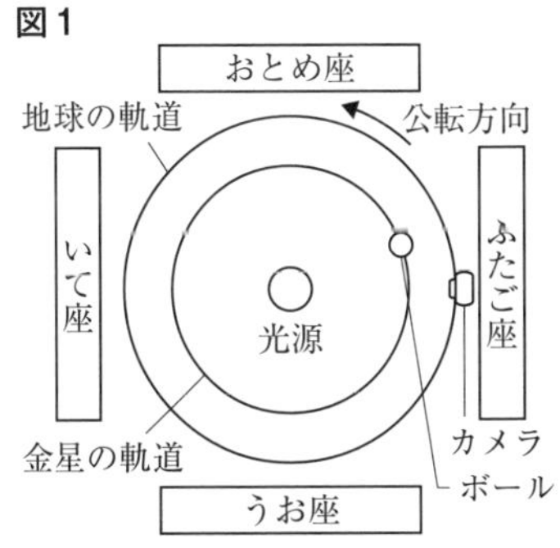

②から半年後を想定した位置にカメラとボールを置いて撮影した。このとき，撮影されたボールは何座と何座の間に映っていたか。ただし，金星の公転周期は0.62年とする。

ア おとめ座といて座　**イ** いて座とうお座
ウ うお座とふたご座　**エ** ふたご座とおとめ座

図2

〈栃木県〉

地学　月の運動と見え方

例題

正答率 46%

次の文は，月について述べたものである。｛　　｝から適切なものを１つずつ選び，記号を書きなさい。

地球と太陽，月の３つの天体が，まれに，ほぼ一直線上に並び，月の一部または全部が地球の影に入る現象が起こる。この現象は月食と呼ばれる。月食が起こる日の日の入り後すぐには，月は①｛**ア**　東の空　　**イ**　西の空｝低くに観察できる。月食が起こるとき，３つの天体は，②｛**ウ**　太陽，月，地球　　**エ**　太陽，地球，月｝の順に並んでいる。

〈大阪府〉

ミスの傾向と対策　月食が起こるときの太陽・月・地球の位置関係を頭の中に浮かべることができていなかったために，ミスをしたと考えられる。問題文に「月の一部または全部が地球の影に入る」とあるので，月と太陽の間に地球が入ることがわかるはずである。問題文から要点を読みとる読解力が求められる。

解き方　太陽－地球－月の順に一直線に並んだ場合，月食が起こる。月食は満月のときに見られるので，月は日の入り頃東の空からのぼり，日の出頃西の空へ沈む。

解答　①ア　②エ

入試必出!　要点まとめ

■**月**

- 地球の唯一の衛星。
- **月の満ち欠け**…新月→三日月→上弦の月→満月→下弦の月→新月
- 満ち欠けの周期は約１か月（約29.5日）。

■**日食と月食**

- 太陽の直径は月の直径のおよそ400倍で，地球から太陽までの距離は地球から月までの距離のおよそ400倍なので，地球から見ると，太陽と月は同じ大きさに見える。
- **日食**…地球から見たとき，太陽の全体または一部が月にかくされて見えなくなる現象。新月のときに見られ，太陽－月－地球の順に一直線に並んだときに起こる。
- **月食**…地球の影に入り，月の全体または一部が見えなくなる現象。満月のときに見られ，太陽－地球－月の順に一直線に並んだときに起こる。

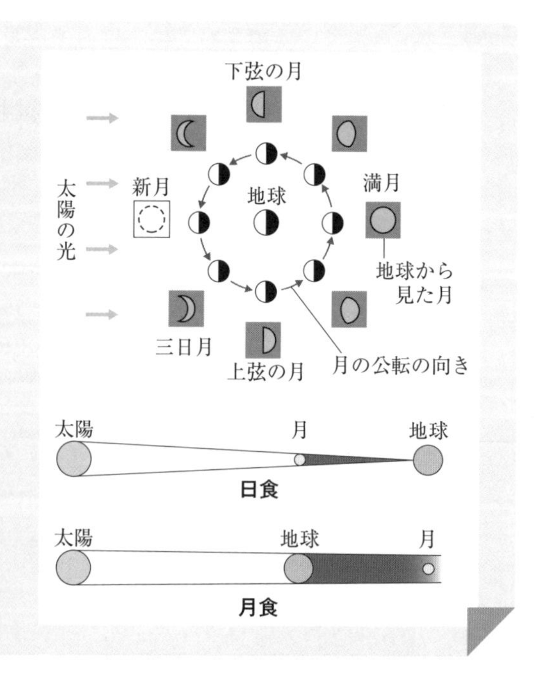

実力チェック問題

解答・解説 別冊 P. 22

1

右の図は，静止させた状態の地球を北極点の真上から見たときの，地球，月の位置関係を模式的に示したものである。ある日の鹿児島で日没直後，南西の空に月が観察できた。

ア イ ク 地球 ウ キ 太陽の光 エ カ オ

30% (1) この日に見えた月の形を下にかきなさい。

地平線

南西

35% (2) この日の月の位置として最も適当なものは，図の**ア〜ク**のどれか。

38% (3) この日から１週間，同じ時刻に月を観察し続けた。次の文中の[a]，[b]に当てはまる言葉の組み合わせとして，正しいものは右の表の**ア〜エ**のどれか。

月は少しずつ[a]いき，見える位置は[b]の空へ変わっていった。

〈鹿児島県〉

	a	b
ア	満ちて	東
イ	満ちて	西
ウ	欠けて	東
エ	欠けて	西

2

差がつく!! 21%

図１は春分の日，夏至の日，秋分の日，冬至の日のいずれかの日の地球の位置と，太陽および黄道12星座，オリオン座の位置関係を模式的に表したものである。

図１

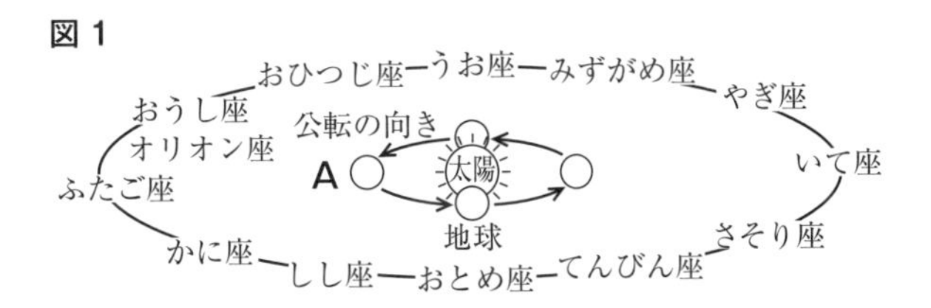

ただし，地球から見て星座をつくる星の位置は太陽や月より非常に遠くにある。

地球が**図１**の**A**の位置にきたとき，栃木県のある地点で南の空に**図２**に示したような形の月が見えたとする。このとき，月はどの星座の向きに見えるか。最も適切なものを**図１**の黄道12星座の中から１つ選びなさい。

〈栃木県〉

図２

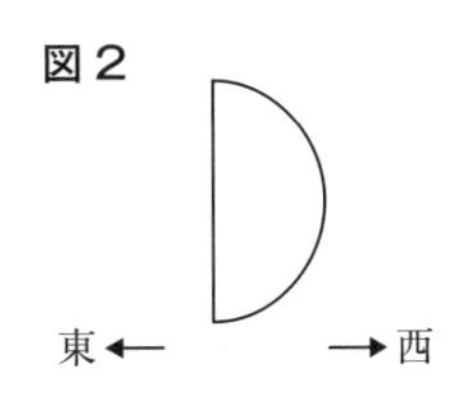

自然界のつり合い

【実験】学校の花壇の土をビーカーに入れ，水を加えてよくかき混ぜた。しばらく放置し，上ずみ液をビーカーA，Bに分けた。ビーカーAの液はそのままにし，ビーカーBの液は沸騰させて冷ましてから，それぞれにデンプン溶液を加えてかき混ぜた。アルミニウムはくなどでふたをして3日間放置し，ビーカーA，Bの液にヨウ素液を加えて反応のようすを見た。

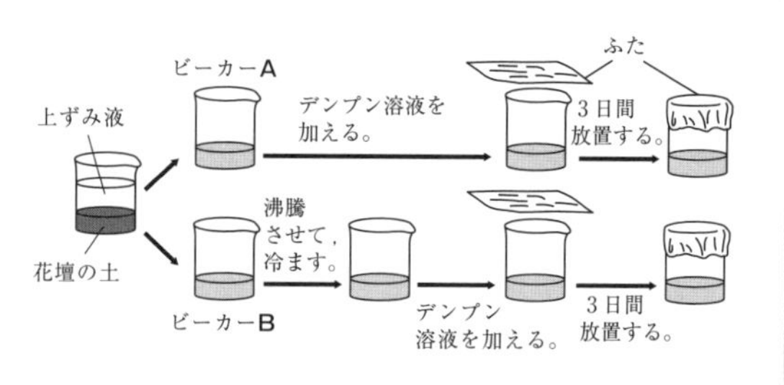

(1) ヨウ素反応が見られなかったのはビーカーA，Bのどちらか，その記号を書きなさい。また，反応が見られなかった理由を書きなさい。

(2) この実験では，ふたをしないと正確な結果が得られないことがある。ふたをする理由を書きなさい。〈青森県〉

ミスの傾向と対策

(1)では，沸騰させなかったビーカーAには微生物がいること，(2)ではふたをしないと空気中の微生物が入ってしまうことを理解できていなかったと考えられる。実験操作には必ず理由がある。なぜその操作を行ったのかを意識して日頃から学習しておくとよい。

解き方

(1) 沸騰させなかったビーカーAには生きた微生物がいるので，デンプンは分解され，ヨウ素反応が見られない。

(2) 空気中の微生物がビーカーに入ってしまうと，正確な結果を得られない。

解答

(1) 記号…A　理由…(例)菌類や細菌類のはたらきにより，デンプンが分解されてしまったから。

(2) (例)空気中の菌類や細菌類が液に入るのを防ぐため。

入試必出! 要点まとめ

■ 食物連鎖での数量関係

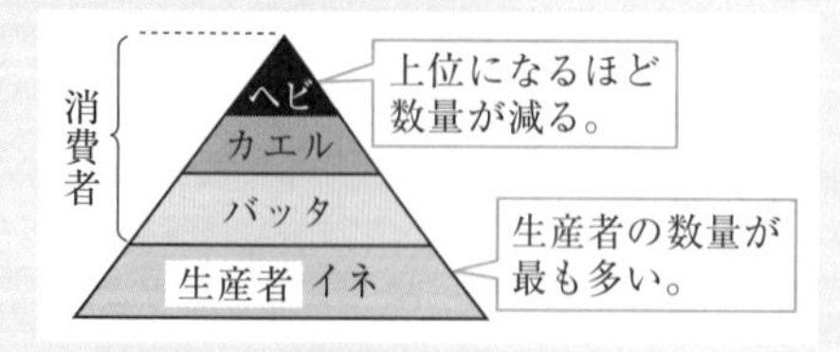

■ 自然界のつり合い

- 人間の活動や自然災害などにより，自然界における生物のバランスがくずれると，もとにもどるまでに長い時間がかかる。

■ 自然界における炭素の循環

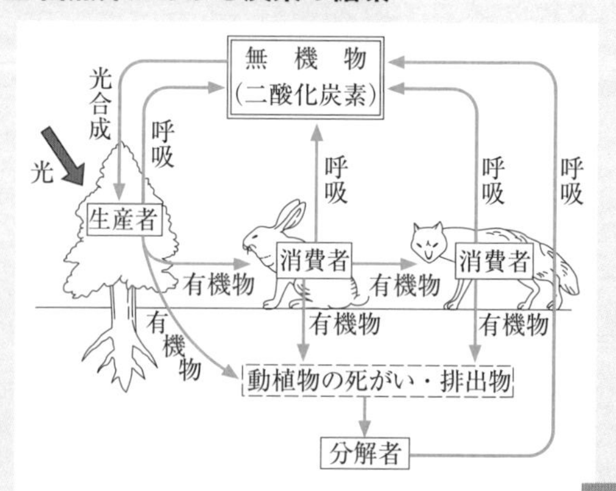

実力チェック問題

解答・解説 別冊 P. 22

1 46%

太郎さんは，自然界における生物どうしのつながりについて調べた。右の図は，生物どうしのつながりを模式的に表したものである。図のA～Dは，それぞれ菌類・細菌類，植物，草食動物，肉食動物のいずれかであり，⟶は，有機物の流れを表している。菌類・細菌類，植物，草食動物，肉食動物は図のA～Dのどれに当たるか。それぞれ1つずつ選び，その記号を書きなさい。

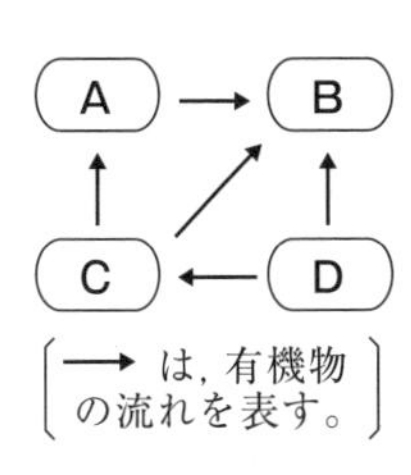

〈愛媛県〉

2 33%

菌類・細菌類についての説明として正しいものを，次の**ア**～**エ**からすべて選び，記号で答えなさい。

ア　菌類，細菌類のうち，カビは菌類に，キノコは細菌類に分類されている。
イ　菌類，細菌類ともに，酸素を生産し生活しているなかまである。
ウ　菌類，細菌類ともに，有機物を利用して生活のエネルギーを得ている。
エ　菌類，細菌類ともに，二酸化炭素などの無機物をつくるはたらきがある。

〈埼玉県〉

3 差がつく!! 22%

右の図は自然界における炭素の循環について示したものである。自然界において，炭素が二酸化炭素の形で移動する流れはどれか。右の図中の**ア**～**サ**からすべて選び，記号で答えなさい。

〈岐阜県〉

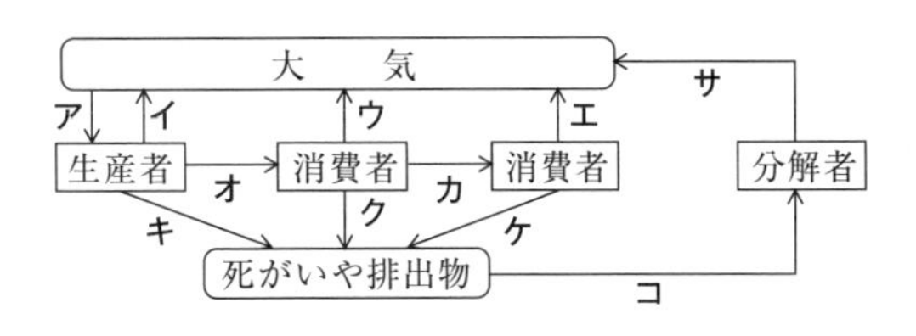

（→は炭素の流れを示す。）

4 差がつく!! 11%

図1は，自然界で植物，草食動物，肉食動物の数量（有機物量）のつり合いが保たれた状態を模式的に示したものである。
図2の**A**に示すように，何らかの原因で草食動物の数量が急に減少した場合，生物の数量は**B**から**C**へと変化し，やがてつり合いが保たれた状態に戻る。**図2**の**C**を完成させなさい。ただし，答えは破線をなぞって書きなさい。

図1

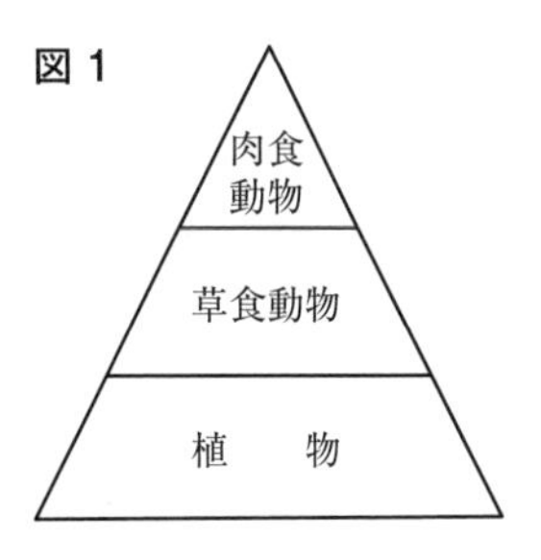

図2

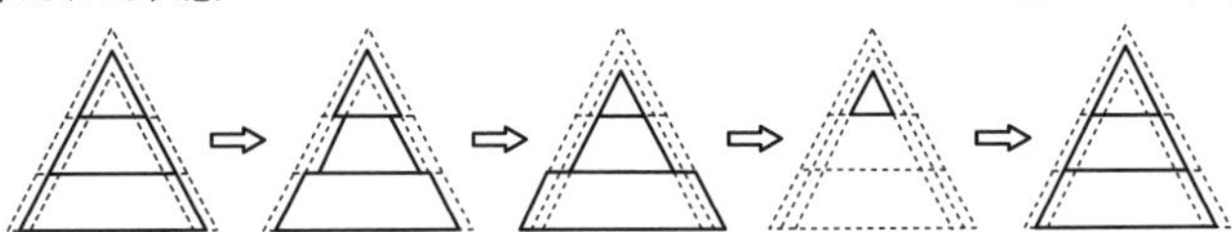

〈青森県〉

自然環境の調査と環境保全

例題

正答率 (1) 43% (2) 39%

夏のある日に降り出した雨について調べると，酸性雨であることがわかった。

(1) この雨水を中和できる物質を，次の**ア**～**エ**から1つ選び，記号で答えなさい。

ア エタノール　**イ** 酢酸
ウ 水酸化カルシウム　**エ** 塩化ナトリウム

(2) わたしたちのくらしのなかで，酸性雨の原因として考えられるものを，1つ書きなさい。

〈宮城県〉

ミスの傾向と対策

(1) 選択肢の物質の性質がわからなかったために，正しい答えを選べなかったと考えられる。教科書などによく出てくる物質については，性質をおさえておこう。
(2) 「酸性雨」という用語は覚えていたが，その原因までは覚えられていなかったと考えられる。おもな環境問題の現象と原因について，しっかり確認しておこう。

解き方

(1) 酸性雨を中和するには，水にとけると水溶液がアルカリ性を示す物質が必要である。エタノール，塩化ナトリウムは水にとけると水溶液が中性，酢酸は水にとけると水溶液が酸性になる物質である。
(2) 酸性雨の原因となるのは，大気中に排出された窒素酸化物などである。身のまわりでこれらの気体を排出しているものを答えればよい。

解答 (1) ウ　(2) (例)自動車の排気ガス

入試必出！ 要点まとめ

■ **おもな環境問題**

	現　象	原因の例
水の汚染	河川や海が有害物質で汚染される。	有機物を大量に含む家庭からの排水 有害な金属などを含む工場からの廃水
大気の汚染	大気が有害物質で汚染される。	化石燃料の燃焼によって生じる窒素酸化物など
酸性雨	窒素酸化物などが雨にとけ，強い酸性の雨が降る。	化石燃料の燃焼によって生じる窒素酸化物など
地球温暖化	地球の平均気温が上昇する。	化石燃料の燃焼による大気中の二酸化炭素濃度の増加
オゾン層の破壊	オゾン層が破壊され，生物に有害な紫外線が地表に降り注ぐ。	フロン(フロンガス)の使用

1

42%

雨水はもともと弱い酸性を示している。しかし，近年，さらに強い酸性を示す雨水(酸性雨)が環境に深刻な影響を与えている。また，火山近くから流れ出る川の水にも強い酸性を示すものがある。この水は，そのままでは水資源として使えないため，石灰石(炭酸カルシウム)の粉末を混ぜた水を加えるなどの処理をしたうえで利用している。

下線部について，石灰石（炭酸カルシウム）のはたらきを簡単に説明しなさい。

〈長崎県〉

2

川にすむ水生生物はその川の水の汚れの程度を知る手がかりとなる（**表1**）。**図1**の川の上流から順に並んだ**a**地点，**b**地点，**c**地点，**d**地点で，水底の石の表面や砂の中にいる水生生物を採取し，その種類と個体数を記録し○印をつけ，最も多く採取したものには●印をつけた（**表2**）。

図1

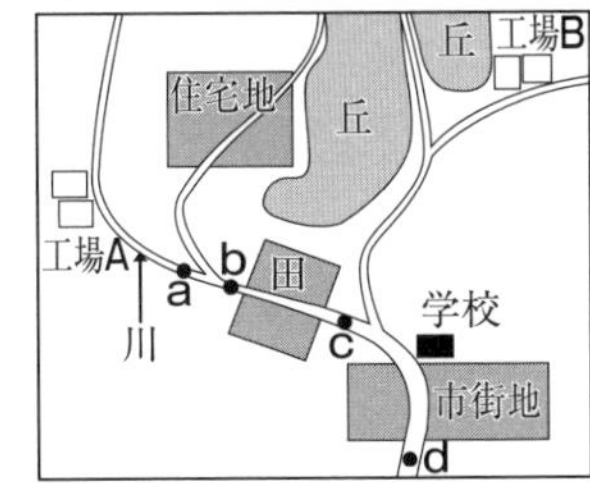

表1

汚れの程度	水生生物の名称		
きれいな水	アミカ	ナミウズムシ	カワゲラ
	ナガレトビケラ	ヒラタカゲロウ	ヘビトンボ
ややきれいな水	コガタシマトビケラ	カワニナ	ゲンジボタル
きたない水	イソコツブムシ	ミズカマキリ	ニホンドロソコエビ
とてもきたない水	アメリカザリガニ	エラミミズ	サカマキガイ

表2

水生生物の名称	a地点	b地点	c地点	d地点
ナミウズムシ	○	○		
ヒラタカゲロウ	○		○	
ヘビトンボ	○			
ナガレトビケラ	●	○	○	
コガタシマトビケラ		●	●	
カワニナ		○	○	
ニホンドロソコエビ		○	○	○
イソコツブムシ		○	○	●
エラミミズ				○

(1) **c**地点の川の水の汚れの原因をつくっている可能性が最も高いと思われるものを，次の**ア**～**エ**の中から1つ選び，記号で答えなさい。

ア 工場A　**イ** 住宅地　**ウ** 田　**エ** 市街地

43%

(2) 学校よりも上流にある工場**B**が，川の水の汚れの原因をつくっているかどうかを確かめたい。調べなければならない2つの地点に★印をつけたものとして，最も適当なものを，次の**ア**～**エ**の中から1つ選び，記号で答えなさい。

ア

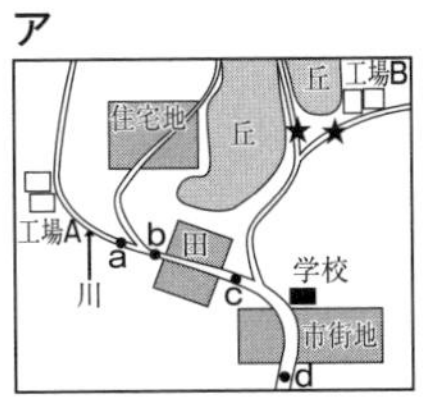

イ

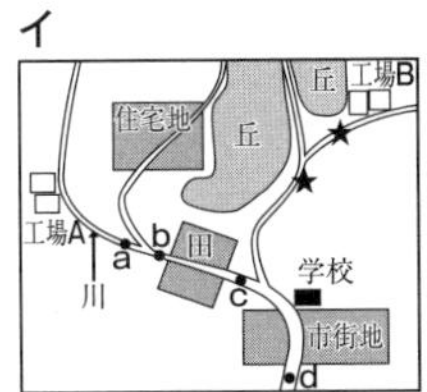

ウ

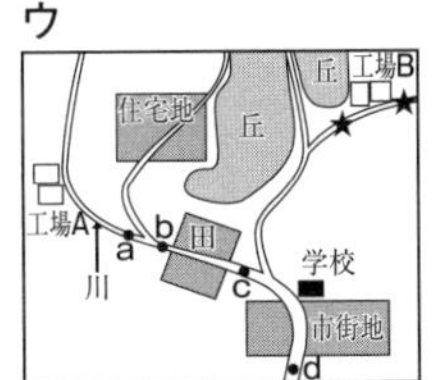

エ

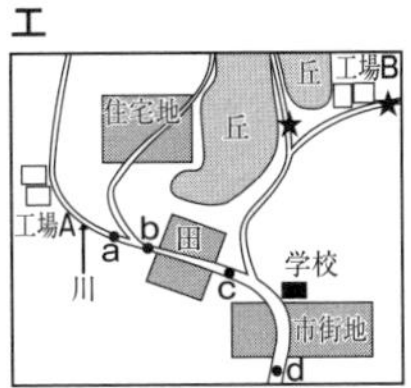

〈佐賀県〉

光の反射・屈折

解答　本冊 P. 9

1 (1) 反射角…30°　屈折角…50°　(2) ウ
2 (1) c，d（順不同）(2) 20

解説

1 **(1)** 図2に，**O**点を通り半円形レンズの長方形部分に垂直な線を引いて考えると，入射角は，

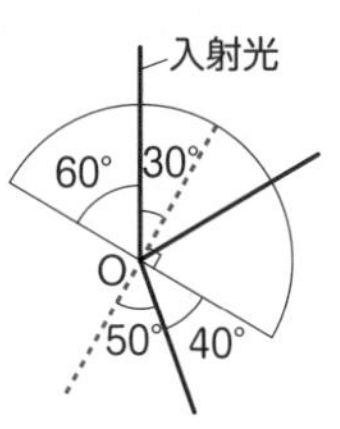

90° − 60° = 30°

入射角と反射角の大きさは等しいので，反射角は30°である。また屈折角は，

90° − 40° = 50°　となる。

(2) 鉛筆から出た光は，半円形レンズの境界面**AB**で屈折して進むので，左にずれて見える。

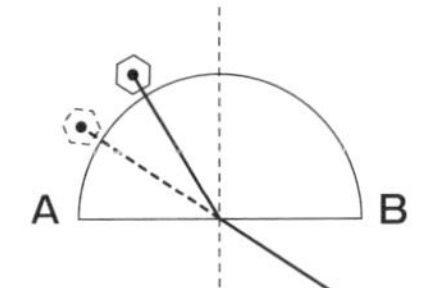

2 **(1)** 鏡で反射した光が通る点を考えるときは，鏡の両端で反射した光の道すじを作図して考える。点**P**から光を鏡**M**の両端に当てると，それぞれ右の図のように光は反射する。

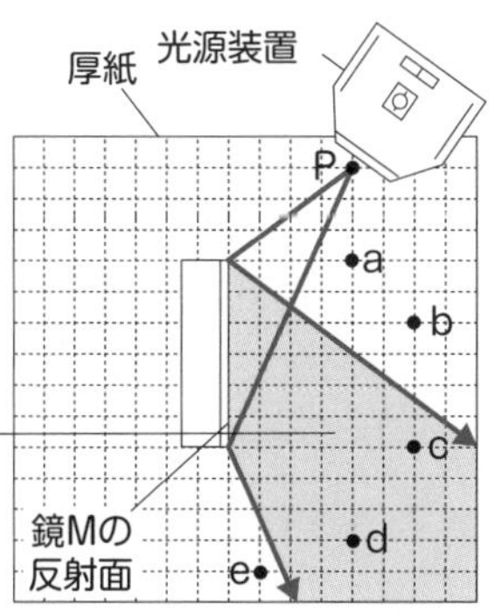

(2) 光の反射の法則より，入射角と反射角の大きさは等しい。したがって，はじめの入射角は90° ÷ 2 = 45°，鏡**M**をさらに**R**の向きに回転させたときの入射角は50° ÷ 2 = 25°　である。よって，鏡**M**を回転させた角度は，次の図のように，90° − 45° − 25° = 20°　である。

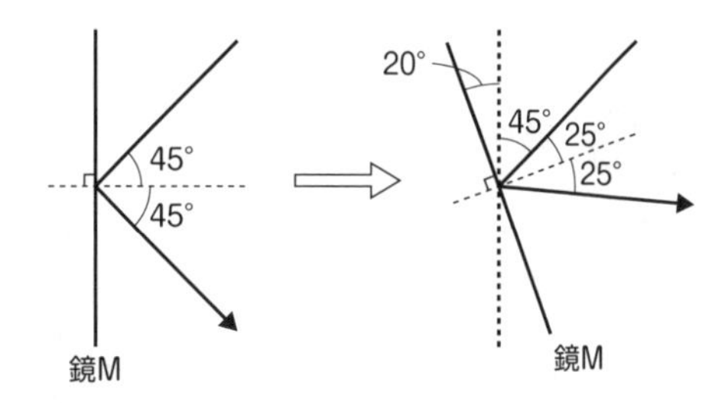

凸レンズのはたらき

解答　本冊 P. 11

1 (1)（例）屈折して集まる　(2)（例）カメラ
2 (1) 4cm　(2) エ

解説

1 **(1)** 光軸（凸レンズの軸）に平行に進んだ光は，凸レンズで屈折し，焦点に集まる。

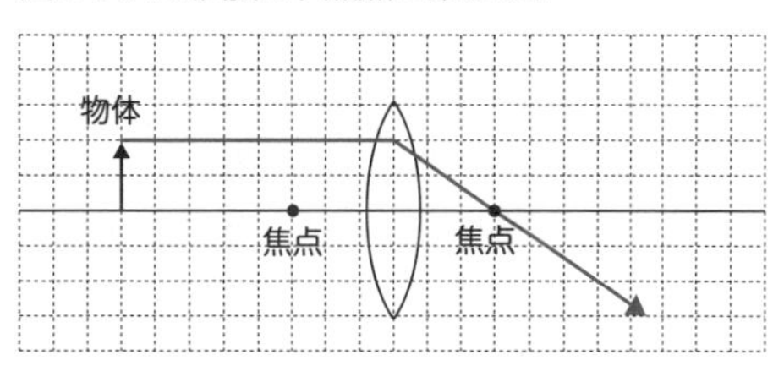

(2) カメラは，凸レンズによってできた像を撮像素子やフィルムなどに映す。

2 **(1)** 図**2**は，スクリーンにはっきりとした像ができるときのようすを真横から見たものなので，平面の物体の両端から出て凸レンズの中心を通る光を作図すると，下の図のようになり，スクリーンに映る像の高さは4cmになる。

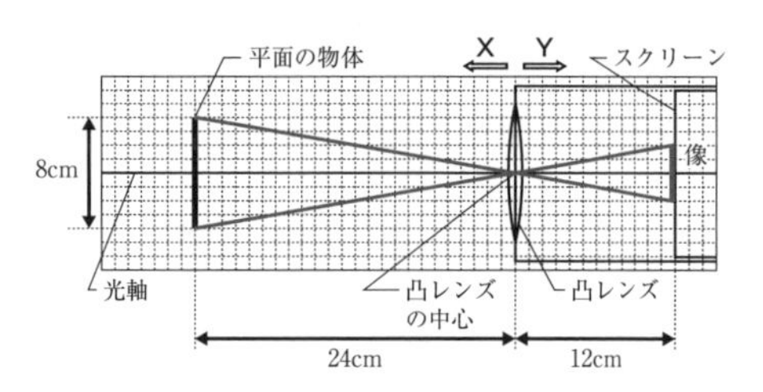

(2) 平面の物体を凸レンズから遠ざけると，できる像の位置は凸レンズに近づくため，スクリーン上に像ができなかった。よって，凸レンズとスクリーンの距離を近づけるために，凸レンズを**Y**の向きに動かす。

音の性質

解答

本冊 P. 13

1 (1) ウ
(2) (例) 弦の振動する部分を短くする。

2 30m

解説

1 **(1)** 弦は，上下に同じ振幅で振動する。1秒間に125回発光させて観察すると，弦は上側にだけ見えたのだから，弦は$\frac{1}{125}$秒で，上側→下側→上側　と振動することがわかる。発光回数を2倍の250回にすると，次に発光するまでの時間は$\frac{1}{250}$秒となるので，この場合は弦が上下に2本見えるはずである。よって，弦が1本しか見えない**ア**と**イ**，3本見える**エ**は誤りである。

(2) 音の高さは，振動数によって決まり，振動数が多いほど高い音になる。振動数を多くするには，弦を張る強さを強くする，弦の太さを細くする，弦の振動する部分を短くするという3つの方法があるが，解答条件に当てはまるのは，「弦の振動する部分を短くする」方法だけである。解答条件を読み落とさないように注意すること。

2 船の底から発射した超音波が魚の群れに当たり，はね返って戻ってくるまでの時間が0.04秒なので，発射した超音波が魚の群れに当たるまでの時間は，0.04s÷2＝0.02s　音が伝わる距離〔m〕＝音の速さ〔m/s〕×音が伝わる時間〔s〕　より，船の底と魚の群れとの距離は，1500m/s×0.02s＝30m

回路と電流・電圧

解答

本冊 P. 15

1 イ

2

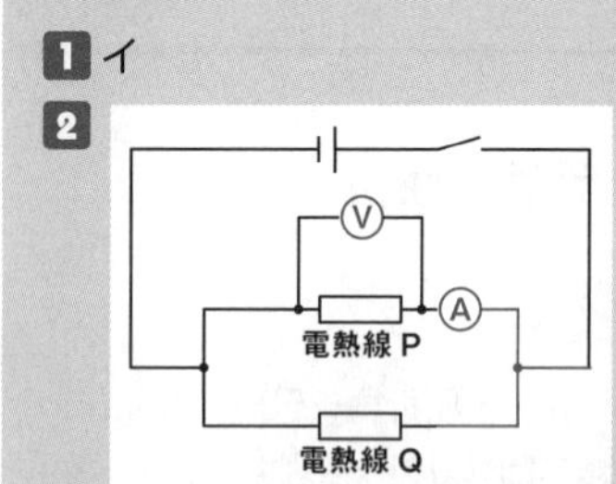

3 (例) まずいちばん大きい電流の－端子につないで測定し，針の振れが小さいときは小さい電流の端子のほうへ順次つなぎ変えていく。

解説

1 50mAの－端子につないだ場合，電流計に流れる電流が50mAよりも大きくなると，針が振り切れて電流計が壊れてしまうことがあるので，500mAの－端子につなぎ変える必要がある。グラフより，電流計が示す電流が50mA以上になるときの電圧を読みとればよい。よって，電圧計が示す電圧が2Vのとき，電流計の500mAの－端子につなぎ変える。

2 電流計は，測定したい点に直列につなぐ。電圧計は，測定したい部分（この場合は電熱線**P**）に並列につなぐ。

3 接続した－端子の最大値以上の電流が電流計に流れると，電流計が壊れてしまうことがある。これを防ぐために，電流の大きさが予測しにくいときは，いちばん大きい値の－端子から順に接続していく。

電流・電圧と抵抗，電流のはたらき

解答

本冊 P. 17

1 (1)

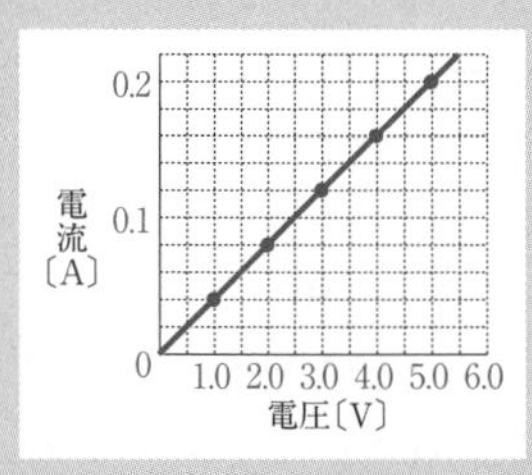

(2) 電熱線P…25Ω　電熱線Q…50Ω

(3) 0.04A

2 (1) 1.5V

(2) ア

解説

1 **(1)** 電流の単位はAを用いるように指示があることに注意。1A＝1000mAなので，表の電流の単位をAに換算してからグラフ上に•で表し，原点を通る直線で結ぶ。

(2) 電熱線**P**の抵抗は，実験1の結果から求める。5.0Vの電圧を加えると200mA＝0.2Aの電流が流れたので，オームの法則より，

抵抗〔Ω〕＝$\frac{電圧〔V〕}{電流〔A〕}$ となるので，$\frac{5.0V}{0.2A}$＝25Ω

また**図4**より，**図2**の直列回路全体の抵抗は，$\frac{3.0V}{0.04A}$＝75Ω　直列回路全体の抵抗＝電熱線**P**の抵抗＋電熱線**Q**の抵抗　より，電熱線**Q**の抵抗は，75Ω－25Ω＝50Ω

(3) **図4**より，**図3**の並列回路に0.12Aの電流が流れるのは，**de**間に2.0Vの電圧が加わったときである。並列回路では，電源装置の電圧と各電熱線に加わる電圧は等しいので，電熱線**Q**に加わった電圧も2.0Vである。**(2)**より，電熱線**Q**の抵抗は50Ωなので，求める電流は，

電流〔A〕＝$\frac{電圧〔V〕}{抵抗〔Ω〕}$　より，$\frac{2.0V}{50Ω}$＝0.04A

2 **(1)** 2Ωの電熱線**a**と6Ωの電熱線**b**は直列につながれている。直列回路の全体の抵抗はそれぞれの電熱線の抵抗の和になるので，2Ω＋6Ω＝8Ω　電圧計が6Vを示すので，電流計が示す値は，

電流〔A〕＝$\frac{電圧〔V〕}{抵抗〔Ω〕}$　より，$\frac{6V}{8Ω}$＝0.75A

よって，電熱線**a**の両端に加わる電圧は，

電圧〔V〕＝抵抗〔Ω〕×電流〔A〕　より，

2Ω×0.75A＝1.5V

(2) **(1)**より，電熱線**b**の両端に加わる電圧は，6V－1.5V＝4.5Vより，電熱線**a**の両端に加わる電圧の$\frac{4.5V}{1.5V}$＝3より，3倍。

電力〔W〕＝電圧〔V〕×電流〔A〕　で，この場合は流れる電流は一定より，電熱線**a**が消費する電力は電熱線**b**が消費する電力の$\frac{1}{3}$になる。

電流による発熱量〔J〕＝電力〔W〕×時間〔s〕なので，電流を流す時間が一定の場合，電熱線**a**からの発熱量は電熱線**b**からの発熱量の$\frac{1}{3}$になり，水の上昇温度も電熱線**b**の$\frac{1}{3}$になる。

よって，4.8℃×$\frac{1}{3}$＝1.6℃

電流がつくる磁界

解答

本冊 P. 19

1 ア

2 (例)（コイルがつくる磁界の強さは）コイルからの距離が近いほど強く，流れる電流が大きいほど強い。

解説

1 方位磁針のN極が指す向きが磁界の向きである。この場合，電流はコイルの図中の方位磁針を置いた場所の上から下に向かって流れているので，上から見て時計まわりの磁界ができる。

2 電流の大きさが同じときの方位磁針の向きを，位置**P**と位置**Q**で比べると，位置**P**のほうが位置**Q**よりも方位磁針が大きく動いている。よって，コイルからの距離が近いほど磁界が強いことがわかる。また，位置**P**の方位磁針の向きを見ると，電流が大きいほど方位磁針が大きく動いている。よって，流れる電流が大きいほど磁界が強いことがわかる。

磁界の中の電流が受ける力

本冊 P. 21

解答

1 (1) エ
(2) イ

解説

1 **(1)** **図2**，**図3**のU字形磁石の向きは**図4**と同じなので，磁石による磁界の向きも**図4**と同じになる。また，**図2**，**図3**の**ab**部分に流れる電流の向きは**図4**と同じなので，**ab**部分が磁界から受ける力の向きも**図4**と同じになる。一方，**cd**部分に流れる電流の向きは**図4**と逆向きなので，**cd**部分が磁界から受ける力の向きも**図4**と逆向きになる。**図2**と**図3**で，コイルの回る向きは逆向きになっている。
(2) **図2**と**図3**から，コイルが半回転するとコイルが逆向きに回転してしまうので，整流子とブラシを使うことで，半回転ごとにコイルに流れる電流の向きを切りかえ，常に一定の向きに回転し続けるようにしている。

電磁誘導と発電

本冊 P. 23

解答

1 (1) (例) コイルの中の<u>磁界</u>が変化しなくなったから。
(2) (例) (コイルAの左側から) 棒磁石のS極を実験1のときよりもすばやく入れる。
(3) エ
2 ウ，エ (順不同)

解説

1 **(1)** 電磁誘導は，コイルの中の磁界が変化したときに見られる現象である。棒磁石をコイル**A**の中で静止させると，コイルの中の磁界が変化しないので，電磁誘導は起こらない。よって，検流計の指針は0の位置で止まる。
(2) 実験1では，検流計の指針は右に振れている。指針が左に振れるようにするには，実験1のときと逆向きに誘導電流が流れるようにする必要がある。逆向きに誘導電流を流すためには，S極をコイル**A**の左側から入れたり，コイル**A**の中に入れたN極をコイル**A**の左側から出したりする方法があるが，この問題では書き出しが「コイル**A**の左側から」と決められているので，解答の方法に限定される。誘導電流を大きくするためには，棒磁石をすばやく動かして磁界の変化を大きくする必要がある。
(3) 電流を流すと**図1**と同じ向きに磁界が生じるが，電流を流し続けても磁界の向きや大きさは変化しない。

2 コイル**B**が磁界から受ける力の向きを逆にするには，コイル**B**に流れる電流の向きを逆にするか，まわりの磁界の向きを逆にすればよい。
ア：導線をつなぎ変えてもコイル**B**に流れる電流の向きは変わらないので，誤り。
イ：棒磁石の極と動かす向きの両方を変えているので，コイル**B**に流れる電流の向きは図と同じになる。よって，誤り。
ウ：U字形磁石の極を変えると，コイル**B**のまわりの磁界の向きが逆になるので，正しい。
エ：棒磁石の極と動かす向きの両方を変えているので，コイル**B**に流れる電流の向きは同じだが，コイル**B**のまわりの磁界の向きが逆になるので，正しい。

水圧と浮力

本冊 P. 25

解答

1 エ
2 (1) ① ア　② ウ
(2) 0.3N

解説

1 A，Bの船はどちらも浮いているので，船にはたらく重力と浮力はつり合っている。よって，重力の大きさ (重さ) と浮力の大きさは等しくなるので，$W_A = F_A$，$W_B = F_B$が成り立つ。また，**B**は**A**よりも荷物をたくさん積んでいるので$W_A < W_B$，**B**は**A**よりも沈んでいるため，水中にある部分の体積が大きいので$F_A < F_B$が成

り立つ。物体全体が水中にあるときは，重力の大きさ＜浮力の大きさ　となると物体は浮かび上がるが，物体が浮かんでいる場合は，物体全体が水中にあるときより浮力が小さくなり，重力の大きさ＝浮力の大きさ　が成り立つことに注意する。

2 **(1)** 浮力は，物体の水中にある部分の体積が増加するほど大きくなる。グラフ2でxが4cm以下のときは，ばねののびが一定の割合で減少している。これは，おもりにはたらく浮力が一定の割合で大きくなって，ばねにはたらく力が小さくなるためである。よって，おもりにはたらく浮力の大きさはxに比例する。
グラフ2でxが4cm以上では，ばねののびは5cmで変化していないので，浮力の大きさは一定になる。これは，おもり全体が水に沈んだためである。
(2) おもり全体が水中にあるときにばねののびは5cmなので，ばねにはたらく力の大きさは0.5Nである。動滑車を使っているので，このとき，おもりが糸を引く力の大きさは，0.5N×2＝1.0N　おもりにはたらく重力の大きさは
$1\text{N}\times\frac{160\text{g}}{100\text{g}}=1.6\text{N}$
より，おもり全体が水中にあるときにおもりにはたらく浮力の大きさは，
1.6N－1.0N＝0.6N
(1)より，おもりにはたらく浮力の大きさは水面からおもりの底面までの距離xに比例しているので，おもりの半分が水に沈んでいるときの浮力の大きさは，
$0.6\text{N}\times\frac{1}{2}=0.3\text{N}$

力と運動

解答

本冊 P. 27

1

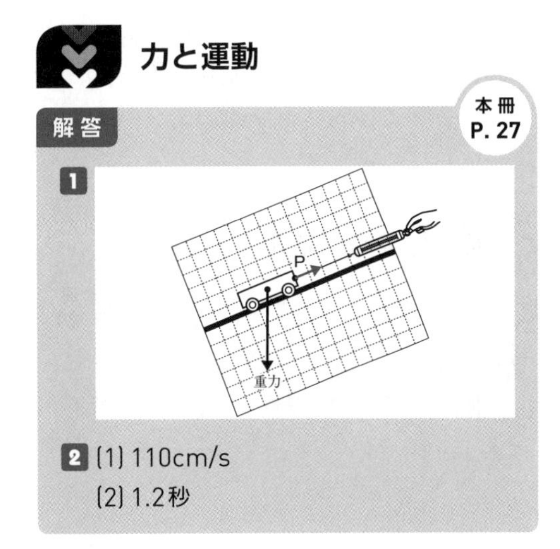

2 (1) 110cm/s
(2) 1.2秒

解説

1 斜面上で力学台車が静止しているとき，ばねばかりにつなげた糸が力学台車を引く力は，台車にはたらく重力の斜面に平行な分力とつり合っている。一方，台車にはたらく重力の斜面に垂直な分力は，台車にはたらく垂直抗力とつり合っている。

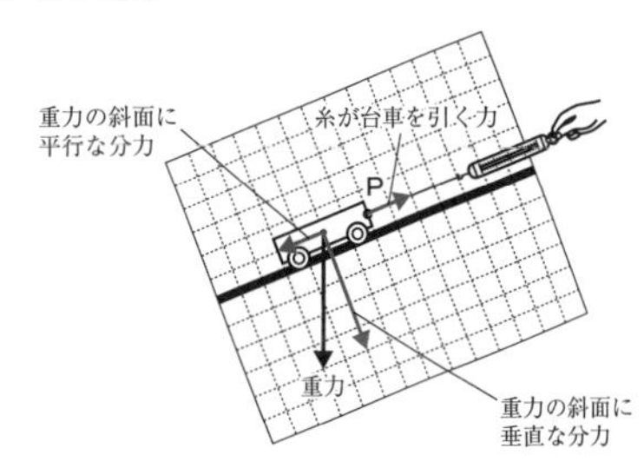

2 **(1)** **図1**と**図2**の**P**点で小球のもつ位置エネルギーは等しいので，**EF**間で小球のもつ運動エネルギーも等しくなる。よって，**図1**と**図2**の**EF**間での小球の速さも等しい。小球は，**図1**の水平面上の**E**点から**F**点までの間を等速直線運動しているので，小球の平均の速さは，
$\frac{15\text{cm}-4\text{cm}}{0.1\text{s}}=110\text{cm/s}$
(2) **G**点の高さは**E**点と等しいので，**GE**間と**EF**間で小球のもつ位置エネルギーは等しくなるので，運動エネルギーも等しくなる。よって，**図2**の水平面上を移動する小球の速さは，**図1**の**E**点から**F**点まで移動する小球の速さに等しい。**図2**より，**G**点から**F**点までの距離は，
104cm＋26cm＝130cm
である。**(1)**より，このときの小球の速さは

110cm/sである。よって，小球が**G**点から**F**点まで移動するのにかかった時間は，

$\frac{130\text{cm}}{110\text{cm/s}}$＝1.18…sより，1.2秒

力学的エネルギーの保存

本冊 P. 29

解答

1 (1) イ
(2) ア

2 (1) 4倍
(2) エ

解説

1 **(1)** **図2**で，点**P**の高さが20cmのとき，木片の移動距離は，質量50gの小球**A**では6cm，質量100gの小球**B**では12cm，質量150gの小球**C**では18cmなので，小球の質量が2倍，3倍になると木片の移動距離も2倍，3倍になっている。よって，おもりの質量と木片の移動距離は比例することがわかる。質量75gの小球を使ったときの木片の移動距離を$x$cmとすると，50g：6cm＝75g：$x$cm　x＝9より，9cm。

(2) **図3**を見ると，小球は最高点**R**から斜め下方向へ運動している。点**R**で小球が運動エネルギーをもっていないと，点**R**で自由落下する。

2 **(1)** 力学的エネルギー＝位置エネルギー＋運動エネルギー　である。よって，おもりがもつ位置エネルギーが力学的エネルギーの$\frac{1}{5}$のとき，おもりがもつ運動エネルギーは力学的エネルギーの$\frac{4}{5}$なので，4倍である。

(2) **a**と**e**の高さは同じなので，おもりが**e**にきたとき，おもりがもつ運動エネルギーはすべて位置エネルギーへと移り変わり，運動エネルギーは0になっているので，おもりの速さは0となる。よって，つるしていた糸が切れると，おもりは真下に落下する。

仕事

本冊 P. 31

解答

1 イ
理由…(例) 最も短い時間で同じ大きさの仕事をしたから。

2 (1) 1.5J
(2) 3N

解説

1 1.0kgのおもりにはたらく重力の大きさは，

1N×$\frac{1000\text{g}}{100\text{g}}$＝10N

このおもりが1m下降して手回し発電機にした仕事は，いずれも10N×1m＝10Jである。

仕事率〔W〕＝$\frac{\text{仕事〔J〕}}{\text{仕事にかかった時間〔s〕}}$　なので，仕事の量が同じとき，仕事にかかった時間が短いほど仕事率が大きくなる。よって，仕事率が大きい順に，豆電球2個を直列につないだとき，豆電球1個をつないだとき，豆電球2個を並列につないだときとなる。

2 **(1)** 100gの物体にはたらく重力が1Nなので，質量500gの物体にはたらく重力の大きさは，

1N×$\frac{500\text{g}}{100\text{g}}$＝5N

仕事の原理より，斜面に沿って引き上げたときの仕事の量は，5Nの重力がはたらく物体を直接30cm＝0.3m　引き上げるときの仕事の量と等しくなるので，物体を引き上げる力がした仕事は，

5N×0.3m＝1.5J

(2) **(1)**より，物体を引き上げる力がした仕事は1.5Jなので，物体に加えた力の大きさ〔N〕

＝$\frac{\text{仕事〔J〕}}{\text{力の向きに動いた距離〔m〕}}$より，

$\frac{1.5\text{J}}{0.5\text{m}}$＝3N

(別解) 数学の三平方の定理を使って分力の大きさを求めることができる。物体を引き上げる力は重力の斜面に平行な分力とつり合っていて，重力と斜面に平行な分力がつくる三角形は3：4：5の直角三角形だから，物体に加えた力の大きさは，5N×$\frac{3}{5}$＝3N

実験器具の使い方，身のまわりの物質とその性質

本冊 P. 33

解答

1 ウ

2 (1) (例) メスシリンダーに水を入れ，その中に物体を沈め，増えた分の目もりを読みとる。

(2) ウ，エ (順不同)

3 B→E→C→D→A

解説

1 こまごめピペットを使って液体を加えるときは，ゴム球をしっかり持ち，親指でゴム球を少しずつおして1滴ずつ落とす。

2 **(1)** メスシリンダーに水を入れ，その中に球形の物体を入れると，物体の体積の分だけ水面が上がる。

(2) **ア**：密度は，物体1cm³当たりの質量であることから，**A**は銅 (Cu)，**B**はアルミニウム (Al)，**C**は鉄 (Fe) とわかる。よって，誤り。

イ：鉄の融点は1538℃なので，1100℃では固体である。よって，誤り。

ウ：アルミニウムの沸点は2519℃なので，2700℃では気体である。よって，正しい。

エ：密度は物体1cm³当たりの質量〔g〕なので，同じ質量で比べると，密度が小さい**C**の鉄のほうが**A**の銅より体積は大きい。よって，正しい。

3 液体**A**に入れると**D**，**E**ともに沈んだことから，密度は**D**>**A**，**E**>**A**。液体**B**に入れると**D**，**E**ともに浮いたことから，密度は**B**>**D**，**B**>**E**。液体**C**に入れると**D**は浮き，**E**は沈んだことから，密度は**E**>**C**>**D**。これらをまとめると，**B**>**E**>**C**>**D**>**A**となる。

水溶液の性質

本冊 P. 35

解答

1 (1) イ

(2) 68.6g

2 (1) ア…硝酸カリウム

イ…(例) 温度変化にともなって，溶解度が大きく変化する

(2) (例) 水〔または，溶媒〕を蒸発させる

解説

1 **(1)** ②の飽和水溶液にとけている硝酸カリウムの質量は，$168.8\text{g} \times \frac{50\text{g}}{100\text{g}} = 84.4\text{g}$ より，②の飽和水溶液の質量は，50g＋84.4g＝134.4g

質量パーセント濃度〔%〕＝$\frac{\text{溶質の質量〔g〕}}{\text{溶液の質量〔g〕}} \times 100$　より，$\frac{84.4\text{g}}{134.4\text{g}} \times 100 = 62.7\cdots$ となるので，②の飽和水溶液の質量パーセント濃度は約63%。

(2) 20℃まで冷やしたときに飽和水溶液にとけている硝酸カリウムの質量は，$31.6\text{g} \times \frac{50\text{g}}{100\text{g}} = 15.8\text{g}$　よって，出てくる硝酸カリウムの固体は，84.4g－15.8g＝68.6g

2 **(1)** 実験の④で，温度を下げたときに白色の固体が出てきたのは，試験管**A**にとけていた物質**A**のうち，水にとけきれなくなった分が結晶として出てきたからである。よって，物質**A**は温度によって溶解度が大きく変化する硝酸カリウムと考えられる。

(2) 温度によって溶解度があまり変化しない塩化ナトリウムは，実験のような方法では結晶としてとり出すことができないので，水 (溶媒) を蒸発させてとり出す。

状態変化

解答　本冊 P. 37

1 (1) エ　(2) ア
2 体積…イ　質量…A

解説

1 **(1)** 水とエタノールの混合物20cm^3の質量は17.9gである。この混合物を加熱すると，沸点の低いエタノールが先に気体となって出ていくため，加熱後に丸底フラスコの中に残っていた液体には水が加熱前より多く含まれていると考えられる。よって，17.9＜**X**＜20.0
(2) 沸点の低いエタノールを多く含む気体が先に集まり，その後水を多く含む気体が集まる。よって，質量はだんだん大きくなる。

2 一般に，質量が同じであれば，液体よりも固体のほうが体積は小さい(水は例外である)。また，状態変化では，体積は変化するが質量は変化しない。

物質の分解

解答　本冊 P. 39

1 C，O (順不同)
2 (1) 管A…O_2　管B…H_2
(2) イ
(3) 3cm^3

解説

1 気体を集めた試験管に石灰水を入れて振ると，石灰水が白くにごったことから，発生した気体は二酸化炭素 (CO_2) である。よって，炭酸水素ナトリウムは炭素原子 (C) と酸素原子 (O) を含んでいると推定できる。

2 **(1)** 水を電気分解すると，陽極に酸素，陰極に水素が集まる。よって，管**A**に集まった気体が酸素 (O_2)，管**B**に集まった気体が水素 (H_2) である。また，水の電気分解で生じる酸素と水素の体積の割合は，O_2 : H_2＝1 : 2であることからも判断できる。
(2) 陽極と陰極を反対にしたあとで管**A**に集まった気体は水素 (H_2) であり，その体積は$15cm^3-7cm^3=8cm^3$　である。管**B**に新たに集まった酸素 (O_2) の体積を$x$$cm^3$とすると，生じる体積の割合$O_2$: H_2＝1 : 2より，
$x$$cm^3$: 8cm^3＝1 : 2　$x=4$より，4cm^3
管**B**にはもともと水素14cm^3が集まっていたのだから，合わせて$14cm^3+4cm^3=18cm^3$
(3) 管**A**に集まった気体に点火すると，酸素と水素が1 : 2の割合で結びついて水ができる。管**A**には，酸素7cm^3，水素8cm^3が集まっていたのだから，酸素4cm^3と水素8cm^3が反応したと考えられる。よって，管**A**に反応せずに残った気体は酸素で，その体積は$7cm^3-4cm^3=3cm^3$である。

酸化と還元

解答　本冊 P. 41

1 (1) 1.5g
(2) $2CuO+C \longrightarrow 2Cu+CO_2$
2 ① エ　② ア

解説

1 **(1)** **図2**より，銅0.8gを加熱してできる酸化銅の質量は1.0gである。銅1.2gを加熱してできる酸化銅の質量をxgとすると，
0.8g : 1.0g＝1.2g : xg　$x=1.5$より，1.5g。
(2) 実験1でできた黒色の物質は酸化銅 (CuO) である。酸化銅と炭素 (C) の混合物を加熱すると，酸化銅は還元され，炭素は酸化されて，銅 (Cu) と二酸化炭素 (CO_2) ができる。よって，
$2CuO+C \longrightarrow 2Cu+CO_2$
化学反応式を書くときは，矢印の左右で原子の種類と数が等しくなるように注意すること。

2 ガラス管を加熱すると，内部の酸素は膨張して体積が増える(下線部①)。その後，スチールウールが燃焼すると，鉄と酸素が結びつき，酸素の体積は減少する (下線部②)。

化学変化と質量の保存

本冊 P. 43

解答

1 (1) イ，エ（順不同）

(2)（例）密閉した容器の中で実験を行う。

2 (1) 0.4g

(2) 右図

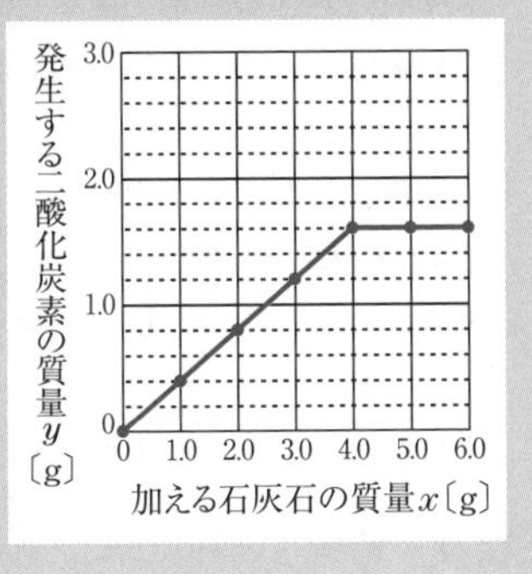

解説

1 **(1)** 塩酸に石灰石を加えると，二酸化炭素が発生する。

ア：酸素の発生方法である。

イ：炭酸水素ナトリウムを加熱すると，炭酸ナトリウム，水，二酸化炭素に分解される。

ウ：スチールウールを燃焼させると，空気中の酸素と結びついて酸化鉄ができる。

エ：エタノールを燃焼させると，水と二酸化炭素ができる。

(2) 質量保存の法則とは，「化学変化の前後で物質全体の質量は変化しない」という法則である。図のようなビーカーで実験を行うと，発生した二酸化炭素が空気中に逃げてしまうため，反応後の物質全体の質量が反応前の物質全体の質量と等しいことが証明できない。よって，ふたのついた容器など，密閉できる容器を使って実験を行う。

2 **(1)** 2は反応後ふたで密閉したままはかった質量，3は反応後にふたをあけたあとの質量なので，2で発生した二酸化炭素の質量は，

88.0g－87.6g＝0.4g　である。

(2) 発生する二酸化炭素の質量〔g〕＝87.0g＋加える石灰石の質量〔g〕－**図2**のふたと容器を含めた全体の質量〔g〕　で求められる。これらを表にまとめると，次のようになる。

加える石灰石の質量 x〔g〕	1.0	2.0	3.0	4.0	5.0	6.0
発生する二酸化炭素の質量 y〔g〕	0.4	0.8	1.2	1.6	1.6	1.6

よって，加えた石灰石の質量4.0gまでは原点を通る直線で結び，加えた石灰石の質量4.0g以上は，横軸に平行な直線で結ぶ。

質量変化の規則性

本冊 P. 45

解答

1 (1) 銅に結びつく酸素の質量：マグネシウムに結びつく酸素の質量＝3：8

(2) 2.75g

2 (1) 右図

(2) 15.4cm³

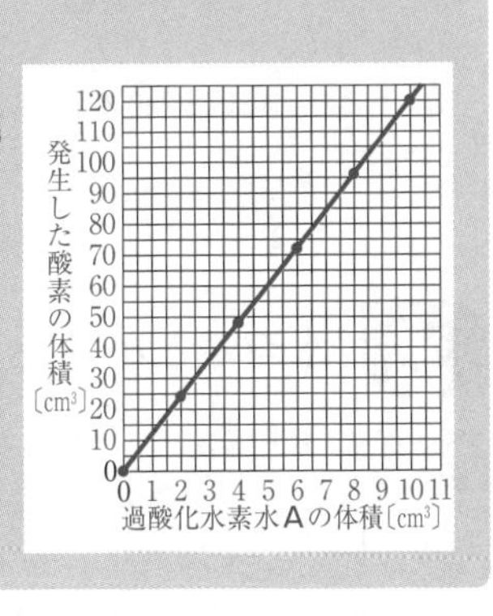

解説

1 **(1)** **表1**より，銅の粉末1.80gが完全に反応してできた酸化銅の質量は2.25gである。このとき，銅に結びついた酸素の質量は，

2.25g－1.80g＝0.45g

また**表2**より，マグネシウムの粉末1.80gが完全に反応してできた酸化マグネシウムの質量は3.00gである。このとき，マグネシウムに結びついた酸素の質量は，3.00g－1.80g＝1.20g

よって，1.80gの銅に結びつく酸素の質量：1.80gのマグネシウムに結びつく酸素の質量＝0.45g：1.20g＝3：8

(2) **表1**より，銅の粉末1.80gから酸化銅2.25gができたのだから，銅の粉末2.20gからできる酸化銅の質量をxgとすると，

1.80g：2.25g＝2.20g：xg　x＝2.75より，2.75g。

2 **(1)** 横軸には変化させた量（過酸化水素水**A**の体積）をとり，縦軸には変化した量（発生した酸素の体積）をとる。目もりは，グラフができるだけ大きくなるように，横軸の１目もりを0.5cm^3，縦軸の１目もりを5cm^{3}とする。このグラフに，【結果】の表に示された値を • で印し，原点を通る直線で結ぶ。

(2) 過酸化水素水**A**9.0cm^{3}を用いたときに発生する酸素の体積を$x$cm^{3}とすると，

10.0cm^3：120.0cm^3＝9.0cm^3：$x$cm^3

x＝108より，108cm^3。

酸素を108cm^{3}発生させるのに必要な過酸化水素水**B**の体積を$y$cm^{3}とすると，

5.0cm^3：35.0cm^3＝$y$cm^3：108cm^3

y＝15.42…

よって，小数第2位を四捨五入して15.4cm^{3}である。

水溶液とイオン

解答

本冊 P. 47

1 (1) SO_4^{2-}

(2) ビーカーB…うすい塩酸

ビーカーC…うすい水酸化ナトリウム水溶液

(3) オ

2 (1) $Zn \longrightarrow Zn^{2+} + 2e^-$

(2) エ

解説

1 **(1)** 実験の②で，塩化バリウム水溶液を加えると沈殿が生じる**A**の水溶液は，うすい硫酸である。うすい硫酸に塩化バリウム水溶液を加えると，バリウムイオン（Ba^{2+}）と硫酸イオン（SO_4^{2-}）が結びついて，水にとけにくい硫酸バリウム（$BaSO_4$）が生じる。

(2) マグネシウムリボンを加えたときに気体が発生するのは酸性の水溶液の特徴で，**A**はうすい硫酸なので，実験の①で気体が発生した**B**の水溶液はうすい塩酸である。実験の③で電流が流れなかった**D**の水溶液は，非電解質の水溶液である砂糖水である。よって，残った**C**の水溶液はうすい水酸化ナトリウム水溶液である。

(3) 水溶液**C**（うすい水酸化ナトリウム水溶液）と水溶液**D**（砂糖水）を区別する方法を探す。

ア，**イ**：どちらの水溶液にも変化が見られない。

ウ：塩化コバルト紙は水の検出に用いられる。いずれの水溶液も水を含んでいて，塩化コバルト紙の色が変わるため，水溶液を区別することはできない。

エ：青色リトマス紙の色を変えるのは酸性の水溶液の性質である。

オ：フェノールフタレイン溶液を加えると，水溶液**C**はアルカリ性のため赤色になるが，水溶液**D**は中性のため無色のままである。

2 **(1)** 下線部「亜鉛板の表面はぼろぼろになっていた」とあるので，亜鉛板の亜鉛がとけ出したことがわかる。亜鉛板では，亜鉛原子（Zn）が電子（e^-）を失って亜鉛イオン（Zn^{2+}）となってとけ出している（$Zn \longrightarrow Zn^{2+} + 2e^-$）。亜鉛板に残った電子は，導線を通って銅板に移動し，硫酸銅水溶液中の銅イオン（Cu^{2+}）が電子を受けとって銅原子（Cu）となり（$Cu^{2+} + 2e^- \longrightarrow Cu$），銅板に付着する。

(2) ダニエル電池では電子が亜鉛板から導線を通って銅板へ移動しているので，電流は銅板から導線を通って亜鉛板へ流れることになる。よって，銅板は＋極，亜鉛板は－極である。電流の流れる向きは電子の移動する向きとは逆になることに注意する。

酸・アルカリとイオン

解答　本冊 P. 49

1 ① ウ　② ア

2 (1) ウ

(2) (例) 水酸化物イオンと結合して水になっている

解説

1 ①乾燥したろ紙には電流が流れないので，結果に影響をあたえない中性の電解質の水溶液（食塩水）をろ紙にしみ込ませる。エタノール水溶液や砂糖水は非電解質の水溶液なので，電流が流れない。また，精製水（蒸留水）にも電流が流れない。

②青色リトマス紙の色を赤色に変えるのは，酸性の水溶液（うすい塩酸）の性質である。また，赤色に変化した部分が陰極側に広がったので，青色リトマス紙の色を赤色に変化させたイオンは，＋の電気を帯びた陽イオンの水素イオン（H^+）である。

2 **(1)** 水酸化ナトリウム水溶液にうすい塩酸を加えると，塩化ナトリウムと水が生じるが，水溶液中では塩化ナトリウムは電離しているので，ナトリウムイオンの数は変化しない。

(2) BTB溶液は，水溶液が酸性で黄色，中性で緑色，アルカリ性で青色になるので，表より，うすい塩酸を4cm^3加えたところで，水溶液は中性になる。よって，うすい塩酸を4cm^3加えるまでは，水素イオンはすべて中和に使われてしまい，水溶液中に存在しない。

さまざまなエネルギーとその変換

解答　本冊 P. 51

1 (1) a 120Wh　b 16時間

(2) (例) LED電球は同じ消費電力の白熱電球より熱の発生が少ないから。

2 (例) 再生可能な有機物をエネルギーとして利用できること。
〔または，廃棄物としてあつかわれてきた有機物をエネルギーとして有効に活用できること。〕

解説

1 **(1)** 電力量〔Wh〕＝電力〔W〕×時間〔h〕 より，60Wの白熱電球**P**を2時間使用したときの電力量は，60W×2h＝120Wh　LED電球の消費電力は7.5Wより，電力量が120Whになる時間をx時間とすると，7.5W×xh＝120Wh　x＝16より，16時間。

(2) 実験より，電気エネルギーの一部は熱エネルギーに変換されることがわかる。**図3**で，同じ時間で比べると，白熱電球**Q**のほうがLED電球よりも水の上昇温度が高くなっているので，白熱電球**Q**のほうがLED電球よりも多くの熱が発生したことがわかる。エネルギーの保存より，熱エネルギーに変換される量が多いほど光エネルギーへの変換効率は低くなる。

2 石油，石炭，天然ガスなどの化石燃料は，埋蔵量に限りがあるが，麦わらなどの植物や家畜の糞尿から得られるアルコールやメタン，森林の間伐材などのバイオマスは，再生可能なエネルギーで，いつまでも利用できる。

化石燃料を燃やしたときに発生した二酸化炭素は，地球温暖化の原因の1つとされている。一方，植物は光合成によって二酸化炭素を吸収して成長する。植物が成長するときに大気中から減少する二酸化炭素と，燃料となるときに放出する二酸化炭素の量は等しいので，バイオマスは燃やしても大気中の二酸化炭素の増加の原因とならないと考えられている。これをカーボンニュートラルという。

花のつくりとはたらき，生物の分類

解答　本冊 P. 53

1 (1) A 柱頭　B 子房

(2)

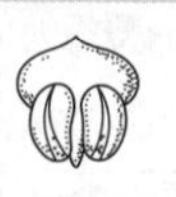 

2 イ，ウ（順不同）

3 ①ア　②ウ

解説

1 **(1)** めしべの先端部分**A**は柱頭である。また，中に胚珠が入っている**B**は子房である。

(2) マツの胚珠は，雌花のりん片にある。マツなどの裸子植物の胚珠はむき出しになっているので，りん片の飛び出た部分をそのままぬりつぶせばよい。なお，雄花のりん片にあるのは，花粉が入っている花粉のうである。

2 **a**はがく，**b**は花弁，**c**はおしべ，**d**はめしべである。双子葉類は，花弁のようすによって合弁花類と離弁花類に分けられる。アブラナは，花弁が1枚1枚はなれているので離弁花類である。よって，**イ**のエンドウ，**ウ**のサクラを選ぶ。**ア**のアサガオ，**エ**のタンポポ，**オ**のツツジは，花弁が互いにくっついている合弁花類である。

3 **A**は脊椎動物の魚類，**B**～**D**は無脊椎動物で，**B**は節足動物の甲殻類，**C**，**D**は軟体動物である。

蒸散

解答　本冊 P. 55

1 アとエ（順不同），イとウ（順不同）

2 (1) a ウ　b イ

(2) 記号…エ

理由…（例）明るくなると気孔が開いて蒸散量が多くなり，吸水量が増えるから。

解説

1 ワセリンをぬると，気孔がふさがれてしまうので，ぬった部分は蒸散が行われなくなる。ツバキの枝**ア**～**エ**では，どの部分から蒸散が行われたかをまとめると，下の表のようになる。

	ワセリンをぬった場所	蒸散が行われた場所
ア	葉の表側	葉の裏側＋葉以外
イ	葉の裏側	葉の表側＋葉以外
ウ	－	葉の表側＋葉の裏側＋葉以外
エ	葉の表側と裏側	葉以外

よって，葉の裏側から蒸散した量を求めるには，

アの蒸散量－**エ**の蒸散量

＝(葉の裏側＋葉以外)－葉以外

または，

ウの蒸散量－**イ**の蒸散量

＝（葉の表側＋葉の裏側＋葉以外）－（葉の表側＋葉以外）

を計算すればよい。

2 **(1)** 装置**A**～**C**では，どこの部分から蒸散が行われたかをまとめると，下の表のようになる。

	ワセリンをぬった場所	蒸散が行われた場所
A	－	葉の表側＋葉の裏側＋葉以外
B	葉の表側	葉の裏側＋葉以外
C	葉の裏側	葉の表側＋葉以外

よって，葉の表側からの蒸散量（**a**）は，

Aの水の減少量－**B**の水の減少量＝（葉の表側＋葉の裏側＋葉以外）－（葉の裏側＋葉以外）＝ $12.4cm^3 - 9.7cm^3 = 2.7cm^3$

葉以外からの蒸散量（**b**）は，

Bの水の減少量＋**C**の水の減少量－**A**の水の減少量＝（葉の裏側＋葉以外）＋（葉の表側＋葉以外）－(葉の表側＋葉の裏側＋葉以外)＝ $9.7cm^3 + 4.2cm^3 - 12.4cm^3 = 1.5cm^3$

(2) 多くの植物では，光が当たると気孔が開き，光が当たらないと気孔が閉じる。よって，④で，装置**D**を暗室に3時間置いた間は，気孔が閉じていて蒸散は行われないので，水はほとんど減少しない。その後，明るいところに3時間置いた間は，気孔が開いて蒸散が行われるため，水が減少する。

光合成と呼吸

解答 本冊 P. 57

1 ① オ　② カ
2 イ

解説

1 表のC～Fの条件についてまとめると，下の表のようになる(○はある，×はないことを表す)。

	日光	緑色の部分（葉緑体）
C	×	×
D	×	○
E	○	×
F	○	○

デンプンは光合成によってつくられるので，光合成が行われたFと何を比較すればよいかを考える。よって，日光が必要かどうかを調べるには，日光以外の条件が同じであるDとFを比べればよい。また，光合成に緑色の部分（葉緑体）が必要かどうかを調べるには，緑色の部分以外の条件が同じであるEとFを比べればよい。

2 この問題のように，実験の条件や結果が文章で書かれている場合は，その内容を簡単に整理してから考えると，わかりやすくなる。
〈実験の条件〉
A…発芽したカイワレダイコン＋二酸化炭素＋光
B…子葉をとったカイワレダイコン＋光
C…発芽したカイワレダイコン＋二酸化炭素
D…子葉をとったカイワレダイコン
〈実験の結果〉
A…二酸化炭素なし，デンプンあり
B…二酸化炭素あり
C…二酸化炭素あり，デンプンなし
D…二酸化炭素あり
〈考察〉
実験の結果から，Aでは光合成が行われ，B，C，Dでは光合成が行われなかった。
これらをもとに，選択肢を実験で確かめられたかどうかという観点から1つずつ見ていく。
ア：Aの試験管の中の二酸化炭素の量が減少したことはわかるが，呼吸が行われたかどうかは確かめられない。よって，誤り。
ウ：Aの試験管の中のカイワレダイコンが光合成を行ったことは確認できるが，呼吸が行われたかどうかは確かめられない。よって，誤り。
エ：Cの試験管の中のカイワレダイコンは光合成を行わなかったことはわかるが，呼吸が行われたかどうかは不明である。よって，誤り。

生命を維持するはたらき①

解答 本冊 P. 59

1 ① 胆汁　② 脂肪
2 (例) それぞれ決まった物質のみを分解するという性質。
3 ア，ウ，エ (順不同)

解説

1 肝臓でつくられる消化液は，胆汁(①)である。胆汁はほかの消化液と違い，消化酵素を含まないが，脂肪(②)を水に混ざりやすい状態にして脂肪の消化を助けるはたらきをもっている。

2 図から，だ液中の消化酵素はデンプンだけにはたらき，胃液中の消化酵素はタンパク質だけにはたらくことがわかる。このように，消化酵素には，それぞれ決まった物質だけを分解する性質がある。

3 ①は胆のう，②は胃，③はすい臓，④は小腸である。
ア：胆のうから出る消化液は胆汁で，消化酵素を含まないが，脂肪の消化を助けるはたらきをするので，正しい。
イ：胃から出る胃液に含まれる消化酵素は，タンパク質のみを分解するので，誤り。
ウ：すい臓から出るすい液は，デンプン，タンパク質，脂肪それぞれにはたらく消化酵素を含むので，正しい。
エ：小腸の壁にはたくさんの柔毛があり，消化された物質を吸収するので，正しい。

生命を維持するはたらき②

解答　本冊P. 61

1 (例) 腎臓で血液からこし出される。

2 (1) (例) 酸素が赤血球の中のヘモグロビンと結びつく。

(2) (例) 酸素は毛細血管の中で赤血球の中のヘモグロビンからはなれ，組織液をなかだちとして細胞にあたえられる。

3 (1) イ

(2) (例) 血液中の水分が汗として体外に排出されて減ってしまうのに，腎臓に運ばれる不要な物質の量は減らないから。

4 (例) 栄養分からエネルギーをとり出す。

解説

1 人体にとって有害なアンモニアは，肝臓で害の少ない尿素に変えられたのち，腎臓に運ばれて血液中からこし出され，尿として体外に排出される。

2 **(1)** 赤血球の中に含まれるヘモグロビンには，酸素が多いところでは酸素と結びつき，酸素が少ないところでは酸素をはなす性質がある。

(2) 酸素の少ないところでは，ヘモグロビンから酸素がはなれる。はなれた酸素は，毛細血管からしみ出た組織液によって細胞に渡される。

3 **(1)** 全身の細胞から出た血液は，心臓→肺→心臓と流れ，心臓から再び全身の細胞へと運ばれる (**I**→**C**→**A**→**B**→**D**)。また，アンモニアを尿素に変えるのは肝臓なので，最後に通る血管は**F**である。

(2) 汗の成分の大部分は水分で，尿素などは含まれない。そのため，汗をたくさんかくと腎臓に運ばれる水分は減るが，尿素などの不要な物質の量は減らないので，濃度がこくなる。

4 呼吸によって体内にとり込まれた酸素は，赤血球によって毛細血管に運ばれる。そして，毛細血管からしみ出した組織液を通じて各細胞に運ばれ，栄養分からエネルギーをとり出すのに使われる。これを細胞呼吸 (細胞による呼吸，内呼吸) という。

刺激と反応

解答　本冊P. 63

1 5.6m/s

2 (1) (例) (メダカの動きが) それぞれの実験であたえた刺激に対する反応であることを明確にするため。

(2) (例) 目で光の刺激を受けとって反応した。

解説

1 「最初の人は，スタートと同時にとなりの人の手をにぎるので，計算する際の数には入れないものとする」とあるので，右手から左手まで信号が伝わるのにかかった時間の11人－1人＝10人の合計は，平均2.70秒である。よって，1人の人の右手から左手まで信号が伝わるのにかかった時間は，2.70s÷10＝0.27s　1人の人の右手から左手まで信号が伝わる経路の距離は1.5mなので，信号が伝わる速さは，

$\frac{1.5\mathrm{m}}{0.27\mathrm{s}}$＝5.55…より，5.6m/s

2 **(1)** メダカが動いているうちに刺激をあたえると，そのときのメダカの動きがあたえた刺激によるものなのかどうかが判断できない。そのため，メダカの動きが落ち着くのを待ってから，刺激をあたえるようにする。

(2) 実験Ⅰでは，水槽にすばやく手を近づけるとメダカが近づけた手とは反対側に泳いだのだから，メダカは光の刺激を目で受けとったと考えられる。また，実験Ⅱで，メダカが紙の動きと同じ向きに泳いだのは，メダカが縦じま模様の動きを光の刺激として目で受けとったからで，このメダカの反応はメダカには同じ場所にとどまろうとする性質があるからである。例にならって書くように指示があるので，感覚器官の名称と受けとる刺激の種類だけを変えて答えること。

細胞分裂と生物の成長

本冊 P. 65

解答

1 (1) a イ　b ア
(2) 記号…A
理由…(例)(視野の中に観察された細胞の数が)多いことから，1つ1つの細胞が小さいと考えられるから。
(例)細胞分裂の途中の細胞が観察されたから。

2 (1) (A→) E→C→B→D→F
(2) B…2P　F…P

解説

1 **(1)** 体細胞分裂では，2本ずつくっついた状態の染色体が1本ずつに分かれ，新しい細胞へと入るので，細胞分裂の前後で染色体の数は変わらない。動物の卵や精子などの生殖細胞がつくられるときに行われる細胞分裂は，減数分裂という特別な細胞分裂である。減数分裂では，分裂の前後で染色体の数が半分になる。
(2) 根の先端部分では，細胞分裂がさかんに行われており，細胞分裂によってできた細胞の1つ1つは小さい。よって，視野の中に観察された細胞の数が多く，細胞分裂の途中の細胞が多く見られた**A**が根の先端の部分を用いてつくったプレパラートである。

2 **(1)** 細胞分裂の順序を考えるときは，染色体のようすに注目する。(分裂前)→「現れ」→「中央」→「分かれ」→「仕切り」→(分裂後)の順に並べると，**A→E→C→B→D→F**となる。
(2) **B**は，2本ずつくっついた状態の染色体が2等分され，両端に移動している状態なので，染色体の数は**A**の2倍になっている。よって，2Pと表される。**F**は，細胞分裂が終了して2個の細胞になった直後の状態なので，細胞1個の染色体数は分裂前と同じで，Pである。

生物のふえ方，遺伝

本冊 P. 67

解答

1 (例)もとの個体と新しい個体が同じ遺伝子をもつから。
2 ア
3 (1) エ　(2) エ

解説

1 無性生殖とは，受精を行わずに子をつくる生殖であり，もとの個体のからだの一部から新しい個体ができる。そのため，新しい個体はもとの個体の遺伝子をそのまま受けつぎ，もとの個体と同じ形質が現れる。

2 卵や精子などの生殖細胞の染色体の数を n とすると，生殖細胞の受精によって生じた受精卵の染色体の数は $2n$ となる。細胞**A**は受精卵が体細胞分裂をくり返して生じたものなので，染色体の数は $2n$ となる。また，受精卵が体細胞分裂をくり返して，組織や器官をつくり，個体の形ができるので，皮膚の細胞の染色体の数も $2n$ となる。

3 **(1)** 対立形質をもつ純系どうしをかけ合わせたとき，子に現れる形質を顕性形質，子に現れない形質を潜性形質という。「黄色が顕性形質で緑色が潜性形質」とあるので，子はすべて子葉が黄色の種子になり，子葉が緑色の種子は現れない。
(2) 子葉を黄色にする遺伝子をA，子葉を緑色にする遺伝子をaとすると，子葉が黄色の純系の親の遺伝子の組み合わせはAA，子葉が緑色の純系の親の遺伝子の組み合わせはaaとなり，生じた子の遺伝子の組み合わせはすべてAaとなる。子の自家受粉によって生じた孫の遺伝子の組み合わせは，右のようにAA：Aa：aa＝1：2：1の割合となる。

	A	a
A	AA	Aa
a	Aa	aa

よって，孫に当たる種子が8000個できたとすると，子葉を緑色にする遺伝子aをもつ種子は，全体の$\frac{3}{4}$なので，8000個×$\frac{3}{4}$＝6000個
子葉が緑色になることと，子葉を緑色にする遺

伝子をもつことは別の話なので，注意が必要である。

火山活動と火成岩

解答　本冊 P. 69

1 ①イ　②ア　③A

2 (1) a B　b 有色

(2) ア，ウ，エ（順不同）

解説

1 ①火成岩の色は，マグマのねばりけの大きさ（強さ）で決まるので，**イ**が正しい。マグマのねばりけが大きいと白っぽい火成岩となり，マグマのねばりけが小さいと黒っぽい火成岩になる。

②火成岩のつくりは，マグマがどのように冷えたかで決まるので，**ア**が正しい。マグマが地表や地表付近で急に冷えると，小さな鉱物の粒やガラス質の部分（石基）と比較的大きな鉱物（斑晶）からなる斑状組織をもつ火山岩となる。マグマが地下深くでゆっくり冷えると，比較的大きな鉱物だけからなる等粒状組織をもつ深成岩となる。

③問題文より，マグマのねばりけが大きいのは，白っぽい色をした火成岩**A**と**B**である。また，マグマが急に冷えてできたのは，斑状組織をもつ火成岩**A**と**C**である。よって，両方に当てはまるのは，火成岩**A**。

2 **(1)** マグマのねばりけが最も大きく，激しい爆発をともなう噴火を起こす火山は，ドーム状の形(**B**)をしている。このような火山の溶岩には有色鉱物が少ないため，白っぽく見える。

(2) マグマだまりでマグマがゆっくりと冷えると，比較的大きな鉱物である斑晶ができる。よって，**ア**，**ウ**，**エ**を選ぶ。**イ**は，マグマが急に冷えたために大きくなれなかった鉱物の粒やガラス質の部分である石基である。

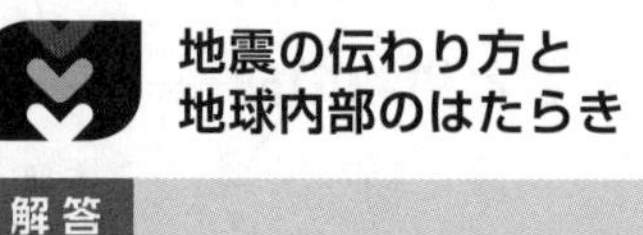

地震の伝わり方と地球内部のはたらき

解答　本冊 P. 71

1 (1) 6秒　(2) $8x$km　(3) 18秒後

2 (1)

初期微動継続時間〔s〕（縦軸 0～14）
初期微動の開始時刻（横軸 7時13分 28秒～50秒）

(2)（例）日本列島付近では，大陸プレートの下にもぐり込む海洋プレートの動きによって，海洋プレートに沿って地震が起こっているから。

解説

1 **(1)** 初期微動継続時間＝主要動が始まった時刻－初期微動が始まった時刻　より，地点**B**の初期微動継続時間は，

9時30分10秒－9時30分04秒＝6秒

(2) **(1)** より，震源からの距離が48kmの地点**B**では初期微動継続時間は6秒なので，初期微動継続時間がx秒の地点での震源からの距離は，

$48\text{km} \times \dfrac{x\,\text{s}}{6\text{s}} = 8x\,\text{km}$

(3) S波は48km－24km＝24kmの距離を進むのに，9時30分10秒－9時30分04秒＝6秒かかるので，S波の速さは，$\dfrac{24\text{km}}{6\text{s}} = 4\text{km/s}$

よって，震源からの距離が120kmの地点で主要動が始まる時刻は，地点**C**よりも，

$\dfrac{120\text{km} - 72\text{km}}{4\text{km/s}} = 12\text{s}$遅く，9時30分16秒＋12秒＝9時30分28秒　よって，9時30分28秒－9時30分10秒＝18秒より，緊急地震速報を聞いてから18秒後。

（別解）緊急地震速報を聞いた9時30分10秒に，**B**地点で主要動が始まっている。**B**地点と**C**地点で主要動が始まった時刻の差は，9時30分16秒－9時30分10秒＝6s　震源からの距離が120kmの地点で主要動が始まった時刻は緊急地震速報を聞いた時刻のys後とすると，

(72km－48km)：6s＝(120km－48km)：y　y＝18より，18秒後。

2 **(1)** 観測点A～Dの初期微動の開始時刻と，初期微動継続時間は，次のようにまとめられる。

観測点	初期微動の開始時刻	初期微動継続時間
A	7時13分49秒	13秒
B	7時13分44秒	9秒
C	7時13分41秒	7秒
D	7時13分35秒	2秒

これらの値をグラフに•で記入し，できるだけすべての点の近くを通る直線を引く。

(2) 日本付近では，海洋プレートが大陸プレートの下に沈み込んでおり，海洋プレートによって引きずられた大陸プレートにひずみが生じる。大陸プレートがこのひずみに耐えきれなくなって反発することで，地震が起きる。そのため，プレートの境目であるZの部分を震源とする地震が多く発生しているのである。

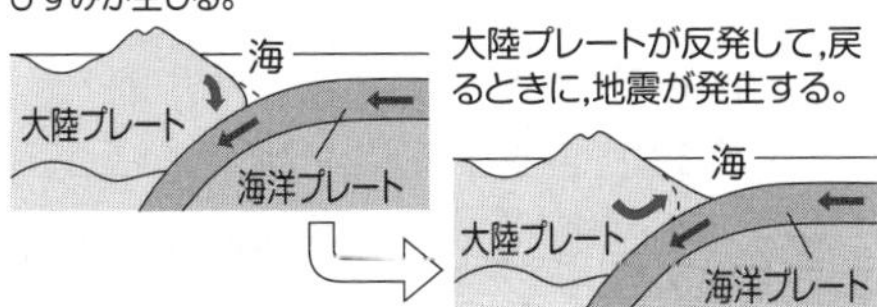

地層の重なりと過去のようす

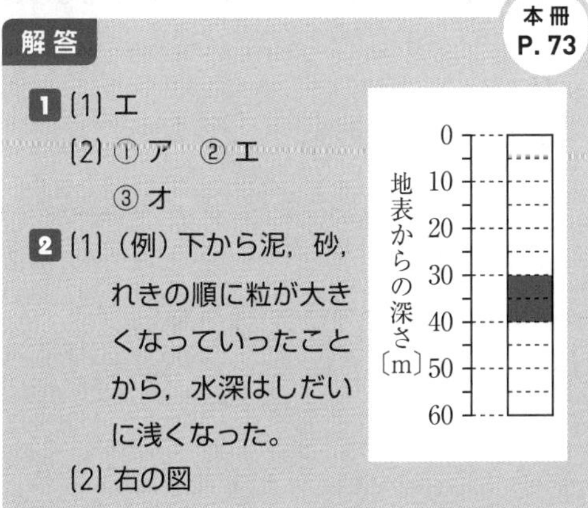

本冊 P. 73

解答

1 (1) エ
(2) ① ア　② エ
③ オ

2 (1) (例) 下から泥，砂，れきの順に粒が大きくなっていったことから，水深はしだいに浅くなった。
(2) 右の図

解説

1 **(1)** ブナは，温帯のなかのやや寒冷な地域に生育する植物である。このように，地層が堆積した当時の環境を知る手がかりとなる化石を，示相化石という。

(2) 一般に，地層は下から上へ積み重なってできるので，上にあるものほど新しい。また，流水のはたらきによって運ばれた土砂は，粒の大きいれき，砂，泥の順に沈むので，堆積物の粒の大きさは，海岸からはなれるほど小さくなる。観察記録を見ると，Aはれき岩の層，Bは砂岩の層，Cは泥岩の層なので，含まれる粒が上の層ほどだんだん小さくなっている。よって，観測地点では，海底から見て海面がしだいに上がったと考えられる。

2 **(1)** 地点Bの地表から地下40mまでの層は，泥岩の層，砂岩の層，れき岩の順に堆積したと考えられる。れき，砂，泥では，細かい粒ほど沈みにくく，河口から遠くの水深が深いところに運ばれるので，この付近は，しだいに水深が浅くなったと考えられる。

(2) 凝灰岩の層の上面の標高は，標高110mの地点Aは110m－30m＝80m，標高120mの地点Bは120m－40m＝80m，標高90mの地点Cでは90m－20m＝70m　よって，この付近の地層は東西方向には傾いていないが，南北方向には傾いていることがわかるので，標高100mのD地点の凝灰岩の層の標高は地点Cと等しい。よって，地表からの深さが100m－70m＝30mのところに，凝灰岩の層の上面があり，凝灰岩の層の厚さは10mである。

気象観測

本冊 P. 75

解答

1 ウ

2 (1) 南南西　(2) ウ

解説

1 図2の乾球の示度より，気温が24℃のときを探すと，イの1日目の18時，ウの2日目の3時の2つが当てはまる。そこで，湿度表より湿度を求め，どちらが最も適切かを考える。湿度表の，乾球の示度（24℃）と，乾球と湿球の示度の差24℃－21℃＝3℃の交差するところが湿度を表すので，求めたい日時の湿度は75%である。

よって，**ウ**の2日目の3時が正しい。

2 **(1)** 風向は，風が吹いてくる向きであり，ひもがなびいた方向ではないことに注意する。10時にひもがなびいた方向は北北東なので，風向は真逆の南南西である。

(2) 使用した気圧計は，気圧が低下すると水位が上昇するので，観測結果から最も気圧が低くなっている時刻を読みとると11時である。このときひもは10時と同じ向きになびいているので，風向は南南西である。北半球において，低気圧の地表付近では，下の図のように中心に向かって反時計まわりに風が吹き込むので，K市が低気圧の中心の下にある**ウ**が正しい。

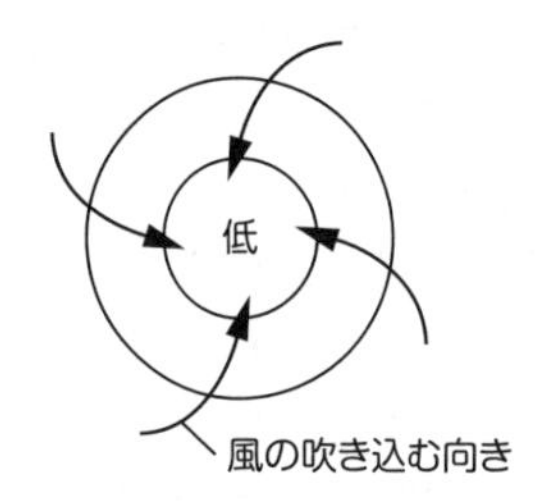

圧力と大気圧

解答

本冊 P. 77

1 (1)

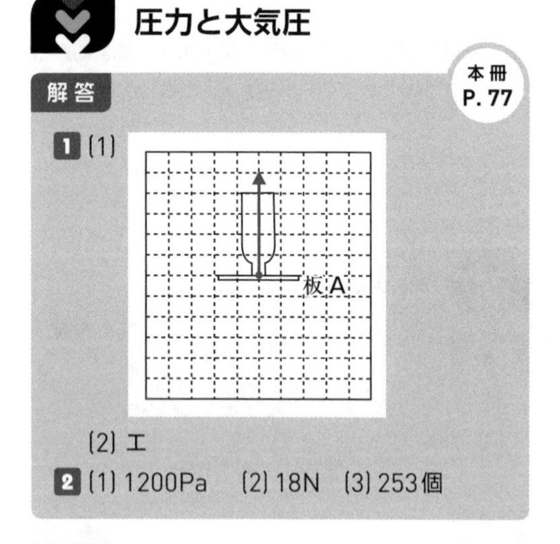

(2) エ

2 (1) 1200Pa　(2) 18N　(3) 253個

解説

1 **(1)** **図2**のようにペットボトルを立てたとき，「水を入れたペットボトルにはたらく重力 (5N)」と「ペットボトルが板**A**から受ける力（垂直抗力)」はつり合っている。つり合っている2力の大きさは等しく，力の向きは逆向きなので，長さが5目もり分の上向きの矢印をかけばよい。

(2) 圧力〔Pa〕$=\dfrac{\text{面を垂直におす力〔N〕}}{\text{力がはたらく面積〔m}^2\text{〕}}$ をもとに考える。面を垂直におす力は，ペットボトルにはたらく重力 ($1\text{N}\times\dfrac{500\text{g}}{100\text{g}}=5\text{N}$) なので，板**A**を置いたときも板**B**を置いたときも同じである。よって，力がはたらく面積を比べればよい。板**A**の面積は$0.10\text{m}\times0.10\text{m}=0.01\text{m}^2$，板**B**の面積は$0.05\text{m}\times0.05\text{m}=0.0025\text{m}^2$である。よって，板**B**を置いたときに脱脂綿にはたらく圧力は，板**A**を置いたときに脱脂綿にはたらく圧力の，$\dfrac{0.01\text{m}^2}{0.0025\text{m}^2}=4$より，4倍。

この問題では実際の圧力を求めるわけではないので，面積の計算を行わずに，一辺の長さが板**A**は板**B**の2倍より，面積は4倍としてもよい。

2 **(1)** **図2**のとき，容器がスポンジとふれ合う面積は$50\text{cm}^2=0.005\text{m}^2$，容器全体にはたらく重力の大きさは6.0Nなので，スポンジが容器から受ける圧力は，

$\dfrac{6.0\text{N}}{0.005\text{m}^2}=1200\text{Pa}$

(2) **図3**は，容器がスポンジとふれ合う面積が**図2**の$\dfrac{150\text{cm}^2}{50\text{cm}^2}=3$より，3倍になっているので，同じ深さだけスポンジをへこませるには，容器全体にはたらく重力の大きさを3倍の18Nにすればよい。

(3) 1hPa＝100Paより，1012hPa＝101200Paである。$150\text{cm}^2=0.015\text{m}^2$より，面を垂直におす力を$x$Nとすると，

$\dfrac{x\text{N}}{0.015\text{m}^2}=101200\text{Pa}$　$x=1518$より，1518N。

よって，机上にはたらく大気圧の大きさは，6.0Nの容器を，$\dfrac{1518\text{N}}{6.0\text{N}}=253$より，253個積み重ねたときの圧力の大きさと等しくなる。

霧や雲の発生

本冊 P. 79

解答

1 70%

2 (1) 凝結

(2) ① 1.3g　② 62%

解説

1 金属製のコップの表面がくもり始めたのが水温14℃のときなので，部屋の空気の露点は14℃で，表より空気1m³中に含まれる水蒸気量は12.1g/m³である。湿度〔%〕＝

$$\frac{\text{空気 1m}^3\text{ 中に含まれる水蒸気量〔g/m}^3\text{〕}}{\text{その気温での飽和水蒸気量〔g/m}^3\text{〕}}\times 100$$

なので，この部屋の湿度は，$\frac{12.1\text{g/m}^3}{17.3\text{g/m}^3}\times 100$ ＝69.9…より，70%である。

2 **(1)** 水蒸気が水滴に変化することを，凝結という。
(2)①800mの高さで雲ができ始めたことから，800mの高さの空気1m³に含まれる水蒸気量は，12℃の飽和水蒸気量と同じ10.7g/m³である。

また，山頂の気温は10℃で，このときの飽和水蒸気量は9.4g/m³なので，山頂へ達するまでに，空気1m³当たり，

10.7g－9.4g＝1.3g

の水滴が雨として降る。

②空気の上昇による温度変化は，100mにつき1℃なので，ふもとの気温は，

12℃＋8℃＝20℃

で，飽和水蒸気量は17.3g/m³である。また，ふもとでの空気のかたまりに含まれる水蒸気量は，800mの高さの空気のかたまりに含まれる水蒸気量と同じ10.7g/m³である。よって，ふもとでの空気のかたまりの湿度は，

$\frac{10.7\text{g/m}^3}{17.3\text{g/m}^3}\times 100＝61.8$…より，62%

前線の通過と天気の変化，日本の天気

本冊 P. 81

解答

1 (1) ① ア　② イ　③ イ　④ ア

(2) (例) (下降する空気が，) 圧縮されるから。

2 記号…④

書き直し…寒冷で乾いた風

解説

1 **(1)** ①②寒冷前線は，寒気が暖気の下にもぐり込んで進むので，**Y**が寒気，**X**が暖気である。**図1**の低気圧では，**P**（西）側に寒気，**Q**（東）側に暖気があるので，**図2**の左側が東，右側が西になる。よって，**図2**は大気のようすを北から見たものであるとわかる。

③④風は，気圧の高いほうから低いほうに向かって吹くが，このとき，北半球では風向は等圧線に対して直角の方向より少し右へそれた向きになる。よって，寒冷前線が通過する前の風向は南南西である。**図1**で，寒冷前線が通過したあとの等圧線のようすから，寒冷前線通過後の風向は西北西である。

(2) 上空にいくほど気圧は低く，地表に近いところほど気圧は高い。そのため下降する空気は，まわりの気圧が上がって圧縮され，温度が上がる。

2 ①冬には，シベリア気団が発達する。シベリア気団から北西の季節風が吹き出す。

②シベリア気団から吹き出した北西の季節風は乾燥しているが，暖流（暖かい海流）が流れる日本海上を通過するときに，多量の水蒸気を含むようになる。

③大量の水蒸気を含む季節風は，日本列島の山脈にぶつかって雲をつくり，日本海側に多くの雪を降らせる。

④雪を降らせて水蒸気が少なくなった季節風は，山脈を越え，寒冷で乾いた風となって，太平洋側に吹き下りる。このため，太平洋側は晴天が続く。

日周運動と自転

解答

本冊 P. 83

1 (1)

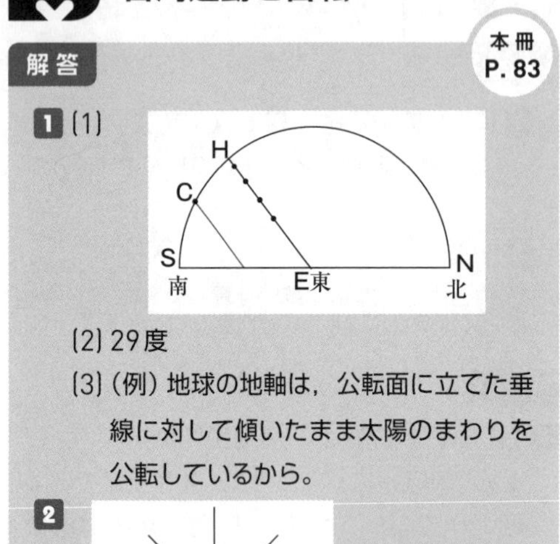

(2) 29度

(3) (例) 地球の地軸は，公転面に立てた垂線に対して傾いたまま太陽のまわりを公転しているから。

2

解説

1 **(1)** 冬至の日の太陽は，真東よりも南寄りからのぼり，南の空を通って，真西よりも南寄りに沈む。また，季節ごとの太陽の道すじは，透明半球を東側の真横から見ると平行なので，点**C**を通り，線**EH**に平行な線をかく。

(2) 冬至の日の太陽の南中高度をx°とすると，

36cm：180°＝5.8cm：x°

x＝29より，29°

(3) 太陽の南中高度が規則的に変化していくのは，地球が地軸を公転面に立てた垂線に対して約23.4°傾けたまま太陽のまわりを公転しているからである。

2 北の空の星は，1時間に約15°，北極星を中心に反時計まわりに回転して見える。午後10時は午後7時の3時間後なので，

$$15° \times \frac{3h}{1h} = 45°$$

反時計まわりに回転させた位置にかけばよい。星座は，形を変えず，北極星を中心に回転させた向きにかくこと。なお，この星座はカシオペア座である。

年周運動と公転

解答

本冊 P. 85

1 (1) (例) 北極星が地軸〔または，自転軸〕の延長方向にあるから。

(2) ア

2 (1)

(2)

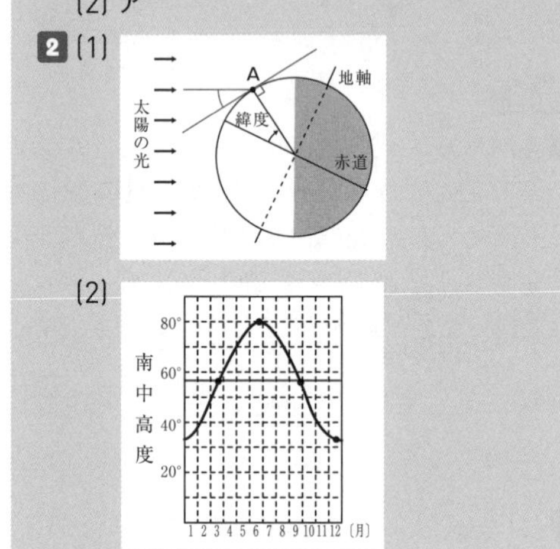

解説

1 **(1)** 北の空の星は，北極星を中心に1時間に約15°回転して見える。これは，地球の自転による見かけの運動で，地球の地軸の延長方向に北極星がある。よって，時間がたっても北極星はほとんど動いていないように見える。

(2) 南の空の星は，1か月に約30°，東から西へ動いているように見える。そのため，1か月後の20時にはリゲルは30°西に移動している。また，星は1時間に約15°東から西へ動いているように見えるので，1か月後にリゲルが南中するのは，20時の2時間前の18時である。

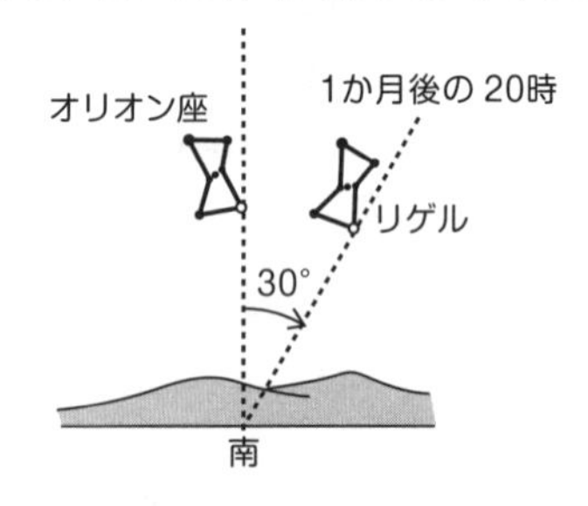

2 **(1)** 太陽の南中高度は，**A**地点における地球を表す円の接線と，太陽の光がなす角度である。

(2) 地軸が公転面に対して垂直になったとする

と，太陽の南中高度は1年中変化せず，春分・秋分の日の南中高度と同じになる。

太陽のようす

解答　本冊 P. 87

1 イ
2 3.6倍
3 黒点の像の位置…G
　黒点の像の向き…W

解説

1 太陽の光のように平行に進む光は，焦点に集まってから広がるので，像を小さくするには投影板を接眼レンズに近づける。また太陽の像は，太陽が移動していく方向（西）にずれていたのだから，望遠鏡の向きを西にずらせばよい。

2 黒点の実際の直径が地球の赤道直径の x 倍であるとすると，12cm＝120mmより，
120mm：4mm＝109：x　x＝3.63…
よって，黒点の実際の直径は，地球の赤道直径の約3.6倍になる。

3 太陽の像が動いた方向が西になるので，下の図のように，9時には**図2**の**H**の線の延長線上が西になる。太陽などの天体は回転しながら日周運動を行っているように見えるので，南中時刻には西の位置は**G**の線の延長にあると考えられる。よって7日目の南中時刻に黒点を観察すると，黒点の像は**図2**の**G**の位置にあると考えられる。黒点は，太陽の中心部では円形に見え，周辺部では上下に引っ張られたような円形に見えるので，黒点の像は垂直方向にのびた**図3**の**W**の形になっていると考えられる。

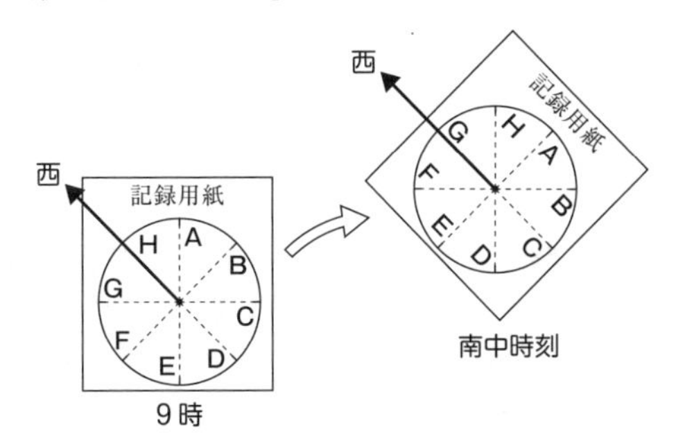

惑星と恒星

解答　本冊 P. 89

1 (1) ウ　(2) エ　(3) イ
2 エ

解説

1 **(1)** 金星は，太陽の光を反射してかがやく惑星で，地球から見て太陽の左側にあるとき，日没後の西の空に見える。このとき，太陽は右下に沈んでいるので，金星は右下が光って見える。また，南西に見えた金星は，その後西の地平線に沈むので，**ウ**が正しい。

(2) 右半分が光って半月のように見えるのは，**エ**の位置にある金星である。

(3) 地球は1か月に $360° \times \frac{1}{12} = 30°$ 公転する。また，金星は1か月に $360° \times \frac{1}{0.62} \times \frac{1}{12} = 48.3$ …より，約48°公転する。よって，1か月後の地球と金星は，48°－30°＝18°近づく。金星は，地球に近いほど見かけの大きさが大きくなり，欠け方も大きくなるので，**イ**が正しい。

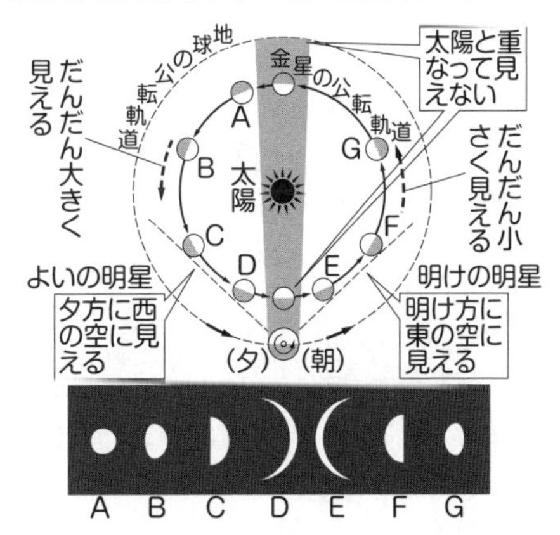

2 おとめ座が真夜中に南中する日のカメラは，次の図の■の位置にある。このとき，ボールが**図2**のように見えるのは，●の位置にボールがあるときである。この位置から，半年後には，カメラは，$360° \times \frac{0.5年}{1年} = 180°$ 反時計まわりに移動して，次の図の▯の位置にある。
このとき，ボールは，$360° \times \frac{0.5年}{0.62年} = 290.3$ …より，約290°反時計まわりに移動して○の

位置にある。よって，撮影されたボールは，ふたご座とおとめ座の間に映る。

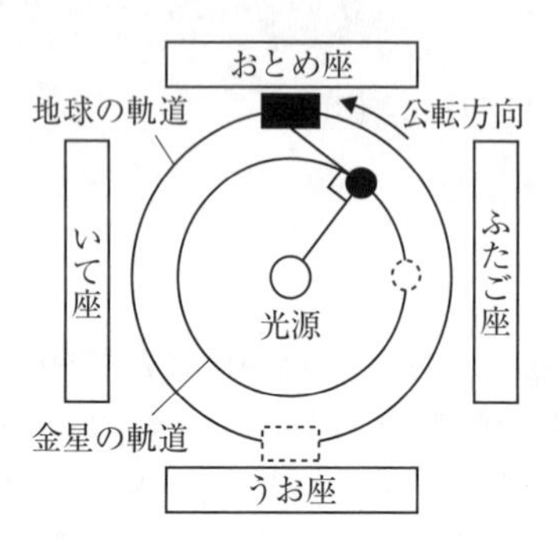

月の運動と見え方

解答　本冊 P. 91

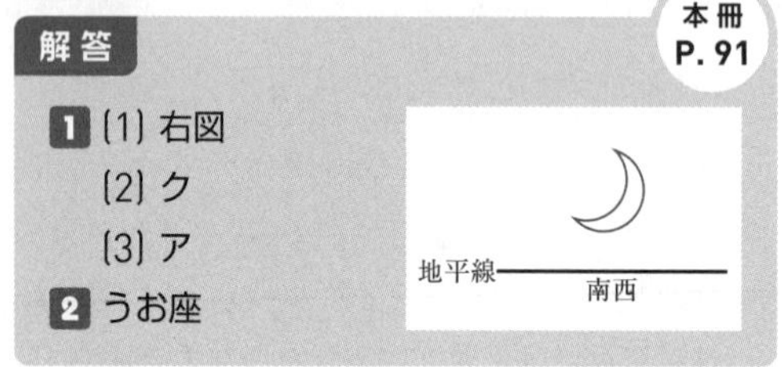

1 (1) 右図
(2) ク
(3) ア
2 うお座

解説

1 **(1) (2)** 右の図のように，日没直後，南の空にある月の位置は**ア**，西の空にある月の位置は**キ**（新月なので観察できない）なので，南西の空に見える星の位置は**ク**である。

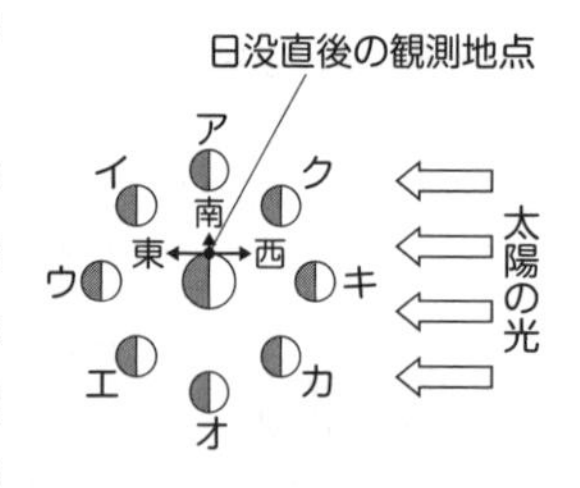

地球から見ると，**ア**の位置の月は上弦の月，**キ**の位置の月は新月なので，**ク**の位置の月は三日月になる。
(3) 月は約1か月に1回公転するので，月の位置は1週間で**ク**（三日月）→**ア**（上弦の月）→**イ**と移動する。月の形は少しずつ満ちていき，同じ時刻に見える位置は東の空へ変わっていく。

2 図2のような上弦の月が南の空に見えるのは，午後6時頃である。この時刻に，ふたご座は東の空，うお座は南の空に見られる。よって，月はうお座の向きに見える。

自然界のつり合い

解答　本冊 P. 93

1 菌類・細菌類…B　植物…D
草食動物…C
肉食動物…A
2 ウ，エ（順不同）
3 ア，イ，ウ，エ，サ（順不同）
4

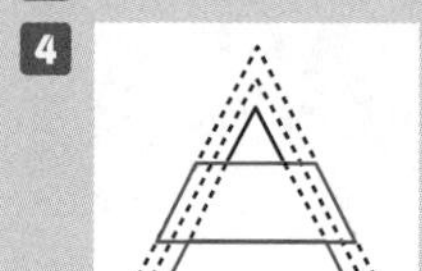

解説

1 菌類・細菌類のような分解者は，植物や動物の排出物や死がいなどの有機物を無機物に分解するはたらきをする。よって，**A**，**C**，**D**から矢印が向かっている**B**が，菌類・細菌類である。
植物は生産者と呼ばれ，有機物の流れの始まりである。よって，ほかから向かう矢印のない**D**が植物である。
草食動物は，植物を食べるので，**D**からの矢印が向かう**C**である。
肉食動物は，草食動物を食べるので，**C**からの矢印が向かう**A**である。

2 **ア**：カビもキノコも菌類のなかまである。よって，誤り。細菌類には，大腸菌や乳酸菌などがある。
イ：菌類と細菌類は消費者で，酸素をとり入れて生活しているので，誤り。
ウ，**エ**：菌類・細菌類は，有機物を二酸化炭素，水，窒素化合物などの無機物に分解し，生活のエネルギーを得ているので，正しい。

3 生産者である植物は，大気中の二酸化炭素をとり入れて光合成を行うので，**ア**を選ぶ。また，生産者，消費者は呼吸を行い，二酸化炭素を大気中に放出するので，**イ**，**ウ**，**エ**を選ぶ。分解者は，生産者や消費者の死がいや排出物などの有機物を二酸化炭素などの無機物に分解するので，**サ**を選ぶ。
オ，**カ**，**キ**，**ク**，**ケ**，**コ**はいずれも有機物として移動する炭素の流れである。

4 A～Cにおける変化を見ていこう。
A：草食動物の数量が急に減少する。
B：草食動物に食べられていた植物の数量は増えるが，草食動物をえさとしていた肉食動物はえさ不足となり数量が減少する。
C：えさである植物が増え，天敵である肉食動物が減ったことで，草食動物の数は増える。草食動物の数量が増えると，えさとして食べられる植物の数量は減る。
よって，Bよりも草食動物の数量が増えて，植物の数量が減った図をかけば，**図2**の右の「つり合いが保たれた状態」へとつながる。

自然環境の調査と環境保全

本冊 P. 95

解答

1 (例) 酸性の水を中和するはたらき。
2 (1) イ
(2) ウ

解説

1 強い酸性の水を水資源として使えるようにするには，アルカリ性の水溶液を使って中和させ，中性にする必要がある。石灰石（炭酸カルシウム）は，水にとけると水溶液がアルカリ性を示す物質である。

2 **(1)** **ア**：工場**A**の下流にある**a**地点では，きれいな水にすむ水生生物が多く採取されているので，**a**地点の水はきれいである。よって，誤り。
イ，**ウ**：**b**地点と**c**地点で採取されている水生生物の種類はほぼ同じなので，川の水の汚れぐあいも同じと考えられる。つまり，**b**地点ですでに川は汚れていることになるので，原因は住宅地と考えられる。よって，**イ**が正しい。
エ：市街地は**c**地点よりも下流にあるため，川の水の汚れの原因とは考えられない。
(2) 工場**B**が川の水を汚しているかどうかを調べるには，工場**B**の上流と下流の2地点で，汚れの程度を調べればよい。よって，**ウ**が正しい。